Online Marketing für Beginner und Startups 4

Brigitte E.S. Jansen / Roland Kreische
Günter Thomas Baur / Bernd Wobser

Online Marketing für Beginner und Startups 4

Gesellschaft für Arbeitsmethodik e.V.

Bibliographische Information der Deutschen Nationalbibliothek

Die Deutsche Nationalbibliothek verzeichnet diese Publikation in der Deutschen Nationalbibliografie: detaillierte bibliographische Daten sind im Internet über http://dnb.d-nb.de abrufbar

1. Auflage

Printed in Germany

Verlag Gesellschaft für Arbeitsmethodik® e.V., c/o Dr. Dr. Brigitte E.S. Jansen, Balger Hauptstr. 31, 76530 Baden-Baden
https://gfa-forum.de

ISSN: 2625 - 3402
ISBN: 978-3-948646-19-6

EDITORIAL

Die Zeit bleibt nicht stehen, die Entwicklung schreitet voran. Herausforderungen geben neue Impulse und fördern Flexibilität und Innovationen. Online-Marketing gewinnt immer mehr an Bedeutung und ergänzt selbst traditionell stationär operierende mittelständische Unternehmen. Für Start-ups und Beginner ist es ein Must-have.

Die Bandbreite ist groß und reicht von der einfachen medialen Präsenz bis zum kompletten Online-Geschäft.

In diesem 4. Band unserer erfolgreichen Reihe „Online - Marketing für Beginner und Startups" rücken Social Media mit TikTok, Flickr und Reddit ins Zentrum. Die emotionale Ansprache von Kunden über Bilder und Videos wird durch Shoppable-Posts und Social Media Monitoring ergänzt. Erläutert werden die Funktionen des Storytellings und der Einsatz von Infografiken. Instagram & Co gehören zu den am meisten besuchten Seiten. Sie sprechen Kunden gezielt an, wecken Wünsche und zeigen den Weg, wie diese erfüllt werden können.

Zu Bild und Wort gesellt sich der Ton. Wer erinnert sich nicht an die Zeiten der Radio-Werbung? Doch auch hier hat sich einiges getan: Von der immer beliebter werdenden Voice Search ist es nur ein kleiner Schritt zum Audio Marketing, das ganz neue Möglichkeiten eröffnet, die eine breite Zielgruppe erreichen, ansprechen und sogar dauerhaft binden können. Hier lassen sich Profile entwickeln, die erheblich zum Brand Recognition beitragen. Die Kommunikation zwischen Kundenkreis und Unternehmen ist längst nicht nur aufs Visuelle begrenzt, sondern erweitert sich deutlich im auditiven Bereich. Hier lohnt es sich, mit Fantasie und Einzigartigem zu punkten und rechtzeitig Bindungen aufzubauen.

Wie sieht es aus mit der Kampagnensteuerung? Immer mehr Faktoren sind hinzugekommen, die beachtet werden müssen, wenn man bei Google-Anfragen der Kunden ganz oben erscheinen will. Das Online-Geschäft hat im vergangenen Jahr deutlich zugelegt, wird sich noch weiter etablieren und bei der Kundschaft durchsetzen. Bevor man sich verzettelt, gilt es eine optimale Marketing-Strategie für das Schalten von Werbung über Google Ads oder andere Anbieter zu finden: Wir erklären, was es mit Smart Bidding auf sich hat und welche Chancen sich mittelständischen Unternehmen vom traditionellen Handwerksbetrieb bis zum IT-Startup bieten, damit Künstliche Intelligenz mehr Umsatz generiert.

Die Kundenerwartungen sind gestiegen. Rund um die Uhr wird eingekauft. Rund um die Uhr sollen Fragen beantwortet, Probleme gelöst werden. Ein guter Kundenservice wird nach Qualität, Freundlichkeit und Zeit bewertet. Doch wer hat schon die Möglichkeit, 24 Stunden persönlich Präsenz zu zeigen? Chatbots (virtuelle Kommunikationssysteme) sind die Lösung. Je intelligenter sie aufgebaut sind, desto mehr werden sie von Kunden akzeptiert und entlasten den Support. Wir zeigen, was Chatbots sind, was sie können und wie man sie günstig und einfach nutzen kann.

Wie gewohnt hat auch Band 4 ein Glossar, in dem sich Begriffe schnell nachschauen lassen.

Permanente Weiterentwicklung ist das Gebot der Stunde. Noch nie war es so wichtig, sich sowohl lokal als auch online zu präsentieren.

Wir zeigen Möglichkeiten auf und unterstützen Sie beim Auf- und Ausbau Ihrer Marketingstrategien im Internet. So können Krisensituationen zu einer Chance werden, die neue Märkte erschließt und weitere Kundenschichten erreicht.

Persönliche Weiterentwicklung ist der Schlüssel zu einem erfolgreich geführten Unternehmen. Spannendes, inspirierendes Knowhow stellen wir Ihnen auch in diesem Band vor und wünschen Ihnen viel Spaß bei der Lektüre.

Baden-Baden im Februar 2021

Brigitte E.S. Jansen

1. Bundesvorsitzende

INHALTSVERZEICHNIS

ABBILDUNGSVERZEICHNIS

1. DAS MARKETINGPOTENZIAL DER FOTO-COMMUNITY FLICKR

Flickr ist einer der bekanntesten und größten Foto-Sharing-Communities im Internet. Bereits seit 2014 gibt es die Plattform. Nachfolgend erfahren Sie Wissenswertes über die Funktionsweise des Online-Diensts und darüber, wie Sie Flickr für eigene Marketingaktivitäten nutzen können.

1.1 So funktioniert Flickr

Flickr bietet die Möglichkeit, eigene Fotos hochzuladen, in einer Online-Datenbank zu speichern, zu sortieren und mit anderen Personen zu teilen. Im Grunde ist Flickr Bilddatenbank und soziales Netzwerk zugleich. Jeder kann ein Benutzerkonto anlegen. Der Foto-Upload funktioniert unkompliziert über Website oder App. Mehr als 60 Millionen User besuchen die Plattform jeden Monat und etwa 100 Millionen User haben einen registrierten Account. Hinter Flickr steht eine große und aktive Community, weshalb die Plattform für Marketingzwecke interessant ist.

Nach dem Upload beschreiben Sie ihre Fotos (Bildmotiv, Aufnahmeort etc.) mit sogenannten Tags. Das sind Schlagwörter, die die Fotos auffindbar machen. Indem Sie unterschiedliche Fotoalben anlegen, sortieren Sie Ihre Fotos nach Themen. Die Sichtbarkeit wird individuell für jedes Foto oder Album festgelegt. Die Rechteverwaltung erfolgt mithilfe von CC-Lizenzen (Creative Commons). So legen die Flickr-User für jedes Bild fest, ob andere User die Fotos nutzen dürfen. Auch nachträglich kann die CC-Lizenz noch geändert werden.

1.2 Flickr als soziales Netzwerk

Über Kategorien und Tags (Schlagworte) recherchieren Sie direkt nach Fotos mit bestimmten Bildmotiven. Alle User können öffentlich zugängliche Fotos kommentieren und weiterempfehlen. Verschiedene Gruppen und Fotopools suchen regelmäßig nach Bildern mit thematisch passenden Fotomotiven und erhöhen durch Wettbewerbe zu bestimmten Themen die Sichtbarkeit der Fotos. Die Entdecken-Funktion präsentiert beliebte und aktuelle Fotoalben. Dank der Social-Media-Aspekte vernetzen sich die Nutzerinnen und Nutzer direkt miteinander. Zu den Social-Features gehören die Kommentarfunktion, Gruppendiskussionen und die Möglichkeit, Fotos mit anderen zu teilen. Die Benutzerprofile werden in Form von Fotogalerien angezeigt. Personenmarkierungen sind möglich, wenn die betroffenen Personen der Markierung zustimmen.

1.3 Kostenfreie und kostenpflichtige Nutzung möglich

Der kostenfreie Zugang und der kostenpflichtige Premium-Account bieten einen unterschiedlichen Funktionsumfang. Lange Zeit profitierten User auf Flickr von nahezu unbegrenztem Speicherplatz (1 Terrabyte). Seit Anfang 2019 ist der Speicherplatz der kostenfreien Accounts auf 1.000 Fotos pro Person begrenzt. Mit einem Premiumaccount, der preislich bei knapp 50 € pro Jahr liegt, können unbegrenzt Fotos gespeichert werden. Flickr kann 6K-Fotos darstellen. Diese höchstmögliche Auflösung ist interessant für professionelle Fotografinnen und Fotografen und ist Bestandteil des Premium-Accounts.

1.4 Kurzer Überblick über die Unternehmensgeschichte

Flickr wurde vom kanadischen Unternehmen Ludicorp Research & Development Ltd. entwickelt. 2005 kaufte der Softwarekonzern Yahoo das kanadische Unternehmen samt Fotoplattform. Flickr konnte nur in Verbindung mit einem Yahoo-Account genutzt werden. Im April 2018 übernahm das amerikanische Unternehmen SmugMug die Plattform. SmugMug kündigte an, die Plattform optimieren zu wollen. Im Dezember 2018 wurden die Nutzungsbedingungen aktualisiert. Mitglieder mit einem kostenfreien Account können maximal 1.000 Fotos hochladen und speichern. Flickr wurde dafür stark kritisiert.

1.5 Nutzungspotenzial für Unternehmen

Durch den Aufbau als Imagehoster in Kombination mit den Funktionen des sozialen Netzwerks kann Flickr vielfältig eingesetzt werden.

1.6 Flickr als online-basierter Imagehoster

Unternehmen können Flickr als Online-Datenbank für die Strukturierung der eigenen Fotos nutzen. Grundvoraussetzung ist, dass das Unternehmen auch Rechteinhaber bzw. Urheber der Fotos ist. Dank der Kategorisierungsmöglichkeiten finden Sie passende Fotos in ihrem Fotopool besonders schnell. Die Bilder sind durch die Speicherung in der Online-Datenbank auch vor Datenverlust geschützt. Über RSS-Feeds, Wordpress-Plugins und andere externe Schnittstellen gelingt die Fotoeinbindung auf der eigenen Website mühelos. Die Speicherung auf einem

Server entfällt. Die bildbeschreibenden Tags auf Flickr werden automatisch von der Website übernommen. Das erleichtert die Suchmaschinenoptimierung. Diese Vorgehensweise ist interessant für Unternehmen und Start-Ups, die kleinere Bildmengen auf Websites einbinden. Bei großen Bildmengen und hochauflösenden Fotos ist ein kostenpflichtiger Pro-Account unverzichtbar. Eine weitere Möglichkeit ist das Hosting auf eigenen Servern oder die Nutzung von Hostinganbietern. Diese Cloud-Anbieter sind meist teurer als der kostenpflichtige Flickr-Account mit unbegrenztem Speicherplatz. Achten Sie beim Upload auf die Auswahl der passenden CC-Lizenz. Online-Shops, die Standardphotos verschiedener Hersteller verwenden, können Flickr nicht als Bildhoster verwenden. Hier würde die integrierte Bildüberprüfungssoftware möglicherweise eine Urheberrechtsverletzung erkennen, da andere Online-Shops das Bildmaterial auch verwenden.

1.7 Passendes Bildmaterial für Werbemittel finden

Fotos talentierter Fotografinnen und Fotografen finden sich auf Flickr bereits nach wenigen Klicks. Kommerziell verwendbare Fotos dürfen für Werbung und Websitegestaltung genutzt werden. Die Urheberinnen und Urheber freuen sich über eine Rückmeldung mit Hinweis auf die Bildverwendung. Wurde das Wunschfoto mit einer CC-Lizenz versehen, die ausschließlich private Nutzung erlaubt oder jegliche Nutzung verbietet, können Sie die Rechteinhaber via Flickr direkt kontaktieren. Oftmals ist es möglich, das Wunschfoto bei Zahlung einer günstigen Lizenzgebühr zu verwenden. Eine Recherche nach kommerziell frei nutzbarem Bildmaterial ist über die Suchfelder möglich.

1.8 Möglichkeiten von Social-Media-Marketing auf Flickr

Flickr ist nicht nur Bilddatenbank, sondern auch Social-Media-Community. Auf dem eigenen Profil können Sie Produkt- und Image Fotos Ihres Unternehmens präsentieren. Der Vorteil von Flickr liegt in der hohen Nutzerzahl. Eine breit gefächerte Zielgruppe kann mit den Fotos erreicht werden. Fotos mit Trendfaktor verbreiten sich schnell. Im Vergleich zu Plattformen wie Instagram oder Facebook gibt es auf Flickr hohe Streuverluste. Flickr als dient als Marketingkanal deshalb eher der Imagebildung und weniger der präzisen Absatzförderung. Für den ersten Überblick ist der Einstieg mit einem kostenfreien Benutzerkonto empfehlenswert. Lohnt sich die Aktivität auf Flickr für das Unternehmen, ist ein Umstieg auf einen kostenpflichtigen Premium-Account möglich. Flickr ist eher ungeeignet, um Traffic für die eigene Unternehmenswebsite zu generieren. Dank der personalisierten Werbungen gelangen Interessenten wahrscheinlich eher über Online-Anzeigen auf Instagram und Facebook auf die Unternehmenswebsite. Flickr ist ein guter Kanal, um stimmig mit Fotos Informationen zum Unternehmen, den Marken und Dienstleistungen zu präsentieren. Suchmaschinen wie Google indexieren die Fotos. Interessenten außerhalb von Flickr werden über Suchmaschinen ggf. auf die Produkte aufmerksam. Journalisten und Blogger sind ebenfalls auf der Plattform unterwegs. Möglicherweise wird dieser Personenkreis auf Sie aufmerksam und das Unternehmen wird mit einem wertvollen Beitrag auf einem Blog oder in den Medien belohnt.

1.9 Vergabe der richtigen Creative-Commons -Lizenzen

Auf Flickr ordnen Sie jedem Bild eine CC-Lizenz zu. Dies erfolgt einmalig über die Voreinstellung oder individuell für jedes Foto. Im Nachhinein kann die Lizenz immer noch geändert werden. Flickr wählt als Voreinstellung die Lizenz, mit der alle Rechte bei den Urhebern bleiben. Niemand darf die Bilder herunterladen oder benutzen. Die Voreinstellung können Sie nach Ihren Wünschen anpassen.

Folgende Creative-Commons-Lizenzen stehen zur Auswahl:

- CC0: ohne Copyright: Nutzung privat und kommerziell ohne Namensnennung, Bildbearbeitung ist gestattet,
- CC BY-NC-SA: Namensnennung, kein kommerzielles Nutzungsrecht, Weitergabe unter gleichen Bedingungen,
- CC BY-NC: Namensnennung, kein kommerzielles Nutzungsrecht,
- CC BY-NC-ND: Namensnennung, kein kommerzielles Nutzungsrecht, keine Bildbearbeitungen,
- CC BY: Namensnennung,
- CC BY-SA: Namensnennung, kommerzielles Nutzungsrecht, Weitergabe unter den gleichen Bedingungen,
- CC BY-ND: Namensnennung, keine Bildbearbeitung.

1.10 Urheberrecht beachten

Nutzen Sie ausschließlich Fotos für Flickr, die Sie auch verwenden dürfen. Idealerweise sind Sie Urheber oder besitzen die Rechte am Bild. Von abgebildeten Personen (ausgenommen: größere Gruppen) besitzen Sie idealerweise das Einverständnis zur Veröffentlichung.

Flickr war die erste Fotoplattform, die alle Regelungen direkt nach Verabschiedung der EU-Urheberrechtsreform konsequent umsetzte. Die Urheberrechte schützt das Unternehmen gemeinsam mit dem Legal Tech-Unternehmen Pixsy. Ergebnis ist eine automatische Bildüberprüfungs-Software, die Urheberrechtsverletzungen während des Uploads überprüft. Online-Fotodienste dürfen Fotos nur mit Zustimmung der Rechteinhaber hochladen und zugänglich machen. Plattformen müssen Sorge tragen, dass sämtlich Fotos urheberrechtskonform sind. Flickr-Mitglieder können die KI-basierte Software Pixsy ebenfalls nutzen. Bei Urheberrechtsverletzungen werden betroffene Personen benachrichtigt. Das ist praktisch für den Schutz der eigenen Bilder und zugleich auch Eigenschutz für das Unternehmen hinter Flickr. Werden rechtswidrige und/oder urheberrechtsverletzende Inhalte online gestellt, haften die Plattformen. Etwaige rechtliche Schritte können direkt über Pixsy eingeleitet werden. Für entgangene Lizenzeinnahmen können Schadenersatzansprüche bestehen. Flickr möchte mit dem Filtersystem ein sicheres Umfeld für die eigene kreative Leistung bieten.

1.11 Alternativen zu Flickr

Der Markt bietet viele Alternativen zu Flickr, angefangen bei Software zur Bildorganisation über Foto-Communities bis hin zu Social Media Plattformen. Inhalte mit Mehrwert für User und wertvollen Backlinks zu Unternehmens-Websites und Blogs lassen sich auf Pinterest bestens präsentieren. Umfangreichere Fotosammlungen strukturieren Sie auch mit Google Photos. Imgur bietet einen kostenfreien Bildhosting-Service inklusive Bildbearbeitungsfunktion. Auf Instagram gelingen zielgerichtete Marketingaktivitäten ohne Streuverlust. Während auf Flickr eine breite und möglicherweise wenig relevante Zielgruppe erreicht wird, ermöglicht Instagram die punktgenaue Ansprache der passenden Zielgruppe ohne großen Streuverlust. Fotografinnen und Fotografen sind auf der Plattform 500 px gut aufgehoben. Professionelle Foto-Portfolios und Vernetzungsmöglichkeiten mit anderen Usern gehören zum Funktionsumfang vonn 500 px. Für die Bildrecherche eignen sich Plattformen wie Pixabay, Pixelio und Anbieter von Stockphotos. Fotos auf Pixabay entsprechen der CC0-Lizenz und dürfen kostenfrei und ohne Namensnennung genutzt werden. Auf Pixelio werden Fotos mit unterschiedlichen Nutzungsrechten angeboten. Stockphotos müssen kostenpflichtig für den individuellen Nutzungsumfang lizenziert werden.

1.12 Fazit

Ohne Aufwand kann auf Flickr jederzeit ein kostenfreier Account angelegt werden. So verschaffen Sie sich einen Eindruck von der Plattform, ohne dass Kosten für die Nutzung entstehen. Doch auch hinter dem kostenfreien Account steckt administrativer Aufwand, der Personalkosten verursacht. Als zusätzliches Marketinginstrument hat Flickr großes Potenzial. Die Nutzung ist intuitiv und der Pflegeaufwand des Accounts ist gering.

2. SNAPCHAT

Snapchat hat 2017 die Social-Media-Welt mit der Einführung seines „Stories"-Formats kräftig aufgemischt und den Nerv der Zeit getroffen. Schon kurz darauf haben Facebook & Co reagiert und ähnliche Formate eingeführt. Dennoch fristet Snapchat beim Online-Marketing neben den Branchenriesen Facebook oder Instagram in Deutschland eher noch ein Nischendasein. Allerdings ist der US-Dienst mit mehr als neun Millionen Nutzern hierzulande besonders für kleinere Unternehmen und Start-ups hochinteressant. Besonders dann, wenn Sie eine sehr junge Zielgruppe erreichen wollen.

Abbildung 1:Snapchat

2.1. Was ist Snapchat?

Snapchat ist eine im September 2011 von Robert Murphy und Evan Spiegel in Los Angeles gelaunchte Messenger App. Ein weißes Gespenstersymbol auf gelbem Hintergrund – das Snapchat-Logo, ist vor allem bei jungen Leuten rund um den Globus sehr bekannt. Mit wenigen Klicks kann die kostenfreie App auf einem Smartphone oder Tablet installiert werden.

Nun können personalisierte Fotos und kurze Videos (maximal zehn Sekunden lang) verschickt werden, die mit Stickern, Filtern, Animationen oder In-App-Werkzeugen zuvor personalisiert worden sind. Das besondere bei Snapchat: Die sogenannten „Snaps" sind sehr kurzlebig und werden bereits nach wenigen Sekunden automatisch wieder gelöscht. Für die überwiegend 15 bis 25 Jahre alten Nutzer steht ganz klar der Spaßfaktor im Vordergrund.

Nach und nach kamen weitere Funktionen wie etwa „Snapchat Lenses" hinzu. Damit können spaßige Animationen oder Illustrationen über das fotogarfierte Gesicht oder die gefilmte Umgebung gelegt werden, was der App bei Jugendlichen noch einmal enormen Zulauf brachte. Die Plattform gilt als Face-to-Face Plattform, da die Snaps personalisiert verschickt werden und sich nach sehr kurzer Zeit wieder selbstständig löschen und nicht mehr einsehbar sind. Mittlerweile können User über die App auch telefonieren, sogar per Videocall.

Seit 2015 sind zudem visuelle Tagebücher, sogenannte „Snapchat-Stories", möglich. Anders als die personalisierten Inhalte, können diese bis zu 24 Stunden von der Community angesehen werden.

Der Börsengang Anfang 2017 spülte dem US-Unternehmen viel Geld für künftiges Wachstum und das Entwickeln neuer Features in die Kassen. Die Nachrichtenagentur Reuters bezeichnete das Going Public von Snapchat damals als „einen der größten Börsengänge in der Technologiebranche".

2.2 Welche Zielgruppe hat Snapchat?

Snapchat hat in Deutschland derzeit mehr als neun Millionen aktive Nutzer täglich. 70 Prozent der deutschen Snapchat-User sind nicht älter als 24 Jahre. Das soziale Netzwerk hat also eine sehr junge Zielgruppe, nur 15 Prozent der deutschen Nutzer sind älter als 35. Das macht den Dienst zu einem sehr interessanten Partner für Start-ups und Unternehmen mit einer jungen Zielgruppe. Gehören Sie dazu, sollten Sie sich die Werbemöglichkeiten auf der Plattform auf jeden Fall im Detail analysieren. Ganz besonders deshalb, weil diese junge Zielgruppe kaum über Facebook erreichbar ist, denn zwei Drittel der Snapchat-User haben gar keinen Facebook-Account. Allerdings sind 83 Prozent der deutschen Snapchat-Nutzer auch auf Instagram und 64 Prozent auf YouTube unterwegs.

Noch ein paar Zahlen zu den europäischen Ländern: Neben den USA mit täglich mehr als 90 Millionen Usern ist Europa für Snapchat mit 70 Millionen Nutzern pro Tag der zweitwichtigste Markt weltweit. Auch das Wachstumstempo ist mit einer Zunahme um vier Millionen User in den vergangen 12 Monaten ähnlich hoch wie in den USA.

Besonders erfolgreich war die App zum Jahreswechsel 2019. In der Silvesternacht haben 200 Millionen User weltweit Snaps mit

Augmented-Reality-Effekten verschickt. Insgesamt registrierte der Dienst zum Jahreswechsel 13 Milliarden Interaktionen mit Snapchat-Lense

Sehr wichtig für geplante Online-Marketing-Überlegungen ist auch die tägliche Verweildauer auf der Plattform. Sie liegt aktuell bei mehr als 30 Minuten und ist ein Beweis für die Aktivität ihrer Nutzer, die Snapchat offenbar sehr regelmäßig einsetzen.

2.3 Für wen eignet sich Snapchat?

Snapchat-User wollen Analysen zufolge in erster Linie Kontakt zu ihren Freunden pflegen. Ähnlich wichtig sind ihnen amüsante und unterhaltende Inhalte. Von großer Bedeutung ist es mehr als der Hälfte der User aber auch, bei Nachrichten und Events auf dem Laufenden zu sein – ein guter Hebel für Online-Marketing-Aktivitäten. Eine weitere Chance für Vermarkter: Fast die Hälfte der User ist zudem offen für Informationen über interessante Produkte.

Aber wie genau funktioniert gutes Online-Marketing auf Snapchat? Im Folgenden drei äußerst erfolgreiche Snapchat-Kampagnen der letzten Jahre, die als gute Inspiration dienen können:

2.4 WWF - Last Selfie von bedrohten Tierarten

Der dänische Ableger des WWF nutze die besonderen Möglichkeiten der Social-Media-Plattform in fast genialer Weise. Die „Last-Selfie-Aktion" des World Wildelife Fund zeigte Fotos von bedrohten Tierarten auf Snapchat, die nach wenigen Sekunden, wie üblich, wieder verschwanden. Eine sehr eindringliche Metapher für dringend nötige Maßnahmen zum Erhalt aussterbender Tierarten. Die Kampagne funktionierte weit über die Grenzen von Snapchat hinaus. Nur eine Woche nach Start der Aktion überschwemmten die Fotos auch das Netzwerk Twitter, und erreichten so zusätzlich die Hälfte aller Twitter-User – für die Macher ein toller und komplett kostenfreier Multiplikator[1].

2.5 H&M-Schnitzeljagd in Polen

Der Bekleidungskonzern beschritt mit seiner Snapchat-Aktion damals komplettes Neuland in Polen. Die Mitarbeiter der Modemarke versteckten exklusive Party-Tickets in den verschiedenen Stores und schickten ihren Snapchat-Followern Hinweise darüber, wo die Tickets zu finden waren. Weil die Hinweisfotos nach wenigen Sekunden wieder von den Smartphone-Anzeigen verschwanden, war das für viele junge Kunden ein zusätzlicher Anreiz. Sie enterten die Shops in Massen, die Aktion wurde ein durchschlagender Erfolg. H & M bewegte viele Leute zum Mitspielen, gewann 943 neue Follower auf Snapchat und machte sich als trendige Marke mit der Kampagne in Polen einen Namen[2].

2.6 „Undercover Games" bei Jägermeister

Auch die Traditionsmarke Jägermeister zählte in Europa zu den Pionieren des Online-Marketings auf Snapchat. Unter dem Namen „Undercover Games" lud der Likörhersteller Kunden zu einer Party und machte die Einladung zu einem Snapchat-Event: Zunächst

---

1   https://youtu.be/TOAHBSxMBEA

2   https://youtu.be/TJ3LVPxH6js

verrieten die Macher nur den Termin des Events. Erst Stück für Stück machte Jägermeister andre Details wie Location, Dresscode oder Motto in weiteren Snaps bekannt. Der besondere Reiz lag auch hier wieder darin, dass alle Nachrichten nur zehn Sekunden zu sehen waren. Die Aktion war ein toller Erfolg für Jägermeister: Rund 1.100 User wurden bei Snapchat auf die Party aufmerksam und rund 1000 besuchten schließlich die Party[3].

Das sind nur drei Beispiele, wie sich Snapchat kreativ für Ihre Zwecke nutzen lässt. Denken Sie immer daran, was die junge Snapchat-Gemeinde besonders anspricht: Es sind kreative und witzige Aktionen, die Snapchat-User begeistern und die die Zahl der Follower Ihres Unternehmens und Ihre Produkte in die Höhe schnellen lässt. Zudem wollen die User so persönlich wie möglich angesprochen werden, wie Umfragen zeigen.

2.7 Fazit

Snapchat ist eine interessante Alternative zu Facebook und Co, besonders dann, wenn Sie als Start-up oder frisch gestartetes Unternehmen eine junge Zielgruppe im Focus haben. Wer mit den kurzlebigen Fotos und Videosequenzen geschickt umzugehen weiß, der kann vor allem junge Leute bis 25 schnell für seine Produkte und Dienstleistungen mobilisieren.

Eine große Chance für Newcomer im Markt liegt auch darin, dass bei Snapchat die Big Player bislang viel weniger vertreten sind, als bei Facebook, Instagram oder YouTube. Hier können Sie als Neuling viel schneller Aufmerksamkeit generieren.

---

3   https://youtu.be/bKzXdi67bvw Jägermeister

Sicher lohnt sich auch ein Blick auf TikTok, die erste und bislang einzige chinesische Social-Media-Plattform, die auch außerhalb des Reichs der Mitte aktiv ist. Nach den jüngsten Zahlen hat TikTok in Europa bereits 100 Millionen User, die die Plattform mindestens einmal pro Monat besuchen. Zwar ist das Nutzerverhalten anders, dafür erreichen Sie über TikTok eine ähnliche Zielgruppe.

3. CHANCEN MIT TIKTOK BEIM ONLINE-MARKETING VON STARTUPS?

Kein geringerer als US-Präsident Donald Trump hat TikTok durch seine Attacken wegen angeblicher Datenspionage in den Vereinigten Staaten einem noch größeren Publikum weltweit bekannt gemacht. Auch in Europa sind die User-Zahlen der kostenlosen Video-Plattform jüngst in die Höhe geschnellt. Aber wie können deutsche Start-ups das besonders bei Teenagern beliebte Soziale Netzwerk für gezieltes Online-Marketing nutzen?

Abbildung 2: TikTok

TikTok gilt als der chinesische Konkurrent der sehr erfolgreichen US-Videoplattform Instagram. Ende September 2016 gegründet, können User bei TikTok kurze, selbstgedrehte Videos aufnehmen, die dann mit bekannten Songs oder Filmszenen unterlegt werden können. Im Vordergrund stehen für die überwiegend sehr junge Zielgruppe der Spaßfaktor und das kreative Ausprobieren.

Viele der Mini-Video-Produktionen sind eine Art Online-Karaoke, bei dem die Jugendlichen häufig tanzen oder synchron die Lippen zu den Songs und Filmsequenzen bewegen. Die Videos sind sehr kurz und meist auf eine Länge von zehn Sekunden beschränkt. TikTok ist aber gleichzeitig eine Soziales Netzwerk, da hier nicht nur Videos geteilt werden können, sondern auch persönliche Nachrichten. DouYin, wie die Plattform in China heißt, hat also einen vergleichbaren Ansatz wie Instagram.

TikTok ist die bislang einzige Social Media-Plattform, die außerhalb Chinas aktiv ist. Ein genialer Schachzug des Managements war 2017 die Übernahme des Wettbewerbers Musical.ly. Zwar musste TikTok dafür tief in die Tasche greifen, die mehr als eine Milliarde US-Dollar für den Zukauf, waren aber ein hervorragendes Investment, wie sich schnell herausstellte. Denn TikTok, bislang in westlichen Staaten kaum verbreitet, verschaffte sich so schlagartig Zugang zu den 200 Millionen Nutzern der App Musical.ly, die genau dort eine große Fangemeinde hatte. In Deutschland sind vor allem die Zwillinge Lisa und Lena auf Musical.ly millionenfach geklickt worden und bis heute sehr beliebt. Mittlerweile gibt es den Markennamen Musical.ly nicht mehr, die App wurde in TikTok integriert.

3.1 Welche Zielgruppe hat TikTok?

Wie auch Instagram, richtet sich TikTok an Teenager und junge Erwachsene – der Fokus liegt klar auf der Generation Y. In Zahlen (Stand: September 2020): Beachtliche 69 Prozent der User sind zwischen 16 und 24 Jahren alt. Weitere 31 Prozent der aktiven Nutzer sind im Alter von 25 bis 35. Lediglich 15 Prozent der Fangemeinde sind älter als 35 Jahre.

Sehr aufschlussreich ist auch ein Blick auf die Nutzerzahlen: TikTok versammelt 30 Millionen aktive User in den USA und rund 100 Millionen in Europa. Das ist zwar noch ein deutlicher Abstand zu Instagram, mit mehr als 110 Millionen Usern in den USA, beachtlich ist aber die Wachstumsgeschwindigkeit des chinesischen Rivalen. Wie erfolgreich die App bei jungen Leuten rund um den Globus ist, zeigt sich auch an der Zahl der Downloads in den App Stores. Hier lag TikTok im ersten Quartal 2020 sogar vor Facebook, Instagram, Snapchat, Twitter oder Pinterest.

Ein wichtiges Erfolgskriterium für soziale Netzwerke ist Verweildauer in der App. In Deutschland kommt TikTok hier auf stattliche 50 Minuten. Und auch gemessen an ihrer Aktivität auf der App, sind die TikTok-User besonders fleißig: 34 Prozent veröffentlichten tagtäglich Inhalte auf TikTok. Ausgesprochen beliebt sind dabei die sogenannten „TikTok Hashtag Challenges". Vielfach verwendet werden zudem die „Face Filter". 64 Prozent der User geben an, einen „Face Filter" oder eine „Lense" schon einmal verwendet zu haben, das sind immerhin 512 Millionen junge Menschen.

In Deutschland hat TikTok derzeit 5, 5 Millionen User. Unter ihnen sind mit 60 Prozent mehr junge Frauen, während die Männer nur 40

Prozent ausmachen. Auch in Deutschland ist das Wachstumstempo rasant - TikTok verzeichnete allein innerhalb des Jahres 2019 eine Verdopplung der Views auf 13, 4 Milliarden. Generell wird das Jahr 2019 als eines der erfolgreichsten in die Annalen des chinesischen Unternehmens eingehen.

3.2 Online-Marketing auf TikTok?

Trotz des schnellen Wachstums, ist die Video-Plattform TikTok derzeit noch nicht von Werbekunden überschwemmt. Gerade darin liegen große Chancen für Startups und erst vor kurzem in den Markt gestartete Unternehmen.

Wie erfolgreiches Marketing bei TikTok funktioniert, zeigt die Aktion des Online-Gewürze-Shops „Just Spices". Durch die Kampagne auf der TikTok Ads-Plattform konnte die Marke viele neue Kunden für sich gewinnen. Nicht nur, dass sich die Zahl der Follower durch die Aktion verdoppelte, auch die Bestellungen gingen derart in die Höhe, dass eine Gewürzmischung sogar eine Zeit lang ausverkauft war.

Für die Kampagne nutzte „Just Spices" die sogenannte „Duett-Funktion" bei TikTok sehr kreativ. Dieses Feature ermöglicht es Usern, direkt mit dem Ad zu interagieren. Mit einer Challenge forderte der Online-Shop seine Community auf, die online ausverkaufte Gewürzmischung in Supermärkten zu suchen und die Videos davon auf TikTok zu teilen. Zusätzlich engagierte Just Spices einige Influencer und nutzte auf diese Weise elegant den in Sozialen Medien so beliebten „Takeover".[4]

4   https://www.tiktok.com/@itsdyma/video/6854131672707910918?lang=en

Einen Überblick über die verschiedenen Instrumente zum Online-Marketing der Video-Plattform TikTok und Erklärungen, wie diese funktionieren, finden Sie hier:

https://www.tiktok.com/business/de

3.3 Fazit

Wollen Sie mit Ihren Produkten und Dienstleistungen vor allem junge Menschen von 15 bis 25 Jahren erreichen, dann könnte die Video-Plattform TikTok eine interessante Alternative zum US-Wettbewerber Instagram sein. TikTok wächst in Europa und in Deutschland rasant und war im August 2020 mit 63, 3 Millionen Downloads die weltweit gefragteste App, noch vor der Video-Meeting-Plattform Zoom. Wenn Sie die Instrumente der App pfiffig einsetzen, können Sie Ihrem Business rasch zu deutlich mehr Aufmerksamkeit verhelfen und neue Kunden gewinnen. Da der Run der großen Marken auf TikTok derzeit noch nicht so gewaltig ist, können dort auch kleine Firmen und Start-ups leicht Aufmerksamkeit generieren.

4. REDDIT ALS MARKETINGINSTRUMENT

Abbildung 3: Reddit

Social Media nimmt inzwischen eine essenzielle Rolle im Bereich des Online Marketings ein und kein Unternehmer sollte ihr Potenzial außer Acht lassen. Um in Zeiten des digitalen Wandels auf dem Markt bestehen zu können, ist eine gewisse Präsenz in den sozialen Medien unabdingbar. Allerdings ist der Konkurrenzkampf nicht zu unterschätzen und beispielsweise Marketing mit

YouTube, Instagram oder Facebook kann für Anfänger eine große Herausforderung darstellen. Daher bietet es sich gegebenen-
falls an, auf alternative Plattformen wie Reddit zurückzugreifen.
Während Reddit im englischsprachigen Raum zu den populärsten
sozialen Medien gehört, wird es hierzulande bisweilen noch wenig
genutzt. Für Beginner und Startups kann das eine Chance sein,
um mit Reddit als Marketinginstrument das eigene Unternehmen
nach vorne zu bringen.

4.1 Was genau ist eigentlich Reddit?

Bei Reddit handelt es sich gewissermaßen um das größte Forum
des Internets. Auf der Plattform lassen sich eine Reihe von sub-
jektiven Meinungen zu den unterschiedlichsten Themen finden.
Reddit selbst bezeichnet sich als Startseite des Internets und
sieht sich somit als erste Anlaufstelle im World Wide Web. In den
USA ist das zu einem gewissen Grad durchaus der Fall, denn tatsächlich kommt mehr als 50 % des Traffics aus den Vereinigten
Staaten. Danach folgen mit dem Vereinigten Königreich, Kanada
und Australien weitere englischsprachige Länder. Der Durchbruch
in Deutschland blieb bisweilen noch aus, aber das Potenzial von
Reddit ist enorm und bereits jetzt gibt es hierzulande weit mehr
als anderthalb Millionen Subreddits. Bei den Subreddits handelt
es sich um nichts anderes als Unterforen zu einem bestimmten Thema und auf Reddit gibt es eine schier unüberschaubare
Anzahl davon. Die soziale Plattform ist somit sowohl eine gute
Anlaufstelle zum Meinungsaustausch als auch eine interessante
Informationsquelle. Reddit spielt daher für die GfA e.V. genauso
eine Rolle wie andere soziale Kanäle.

4.2 Einrichtung und Funktionsweise von Reddit

Einer der wesentlichen Unterschiede von Reddit zu anderen sozialen Kanälen ist die gebotene Anonymität. Im Gegensatz zu anderen sozialen Medien, die primär von den Daten ihrer Nutzer leben, verfolgt Reddit ein anderes Konzept. Das zeigt sich bereits bei der Anmeldung beziehungsweise Einrichtung eines Accounts. Im Grunde sind nur ein Nutzername und ein Passwort erforderlich, um Reddit nutzen zu können. Die Angabe einer E-Mail-Adresse ist freiwillig und dient dazu, das Passwort zu ändern, sofern Sie das aktuelle vergessen haben sollten. Am Ende gibt es dann noch ein Captcha, um zu bestätigen, dass Sie kein Bot sind. Damit wäre die Anmeldung abgeschlossen und Sie können Reddit nutzen.

Die Funktionsweise von Reddit kann am Anfang etwas kompliziert sein, ist aber im Grunde gar nicht so viel anders als bei anderen Foren. Im Vordergrund stehen nutzerkreierte Inhalte, die jeder Nutzer der Plattform erstellen kann. Auch Sie können eigene Subreddits kreieren und das ist einer der Möglichkeiten, um Reddit als Marketinginstrument zu nutzen. Hierauf möchten wir aber erst zu einem späteren Zeitpunkt eingehen. Fakt ist, dass sich auf der Plattform Subreddits zu den unterschiedlichsten Themen finden. Zumindest im englischsprachigen Reddit gibt es fast nichts, was nicht in irgendeiner Weise aufgegriffen oder gar diskutiert wurde. Subreddits können Sie ähnlich wie einen Kanal auf YouTube abonnieren.

Auf der Plattform gibt es gewisse Rahmenbedingungen, an die sich alle Nutzer halten müssen. Reddit hat seine eigene Nettiquette (die Reddiquette) und damit einhergehende Richtlinien. Das trägt zu einem höflichen Miteinander bei. Schließlich ist ein guter Umgang mit anderen Mitmenschen ausschlaggebend, um als Person oder Unternehmen weiterzukommen. Im Folgenden einige grundlegende Richtlinien der Reddiquette:

- Die Veröffentlichung persönlicher Daten Dritter (Doxing) führt zum Ausschluss aus der Plattform
- Moderatoren müssen Beiträge objektiv anhand deren Qualität bewerten
- Das Bewerben von eigenen Posts resultiert in Verwarnungen
- Kommentare sollen die Diskussion vorantreiben
- Downvoten/Upvoten von Inhalten ist erwünscht
- Grundlegende Verhaltensnormen gelten auch auf Reddit

Neben diesen Seitenrichtlinien können die Ersteller von Subreddits eigene Forenregeln aufstellen. Um eine Einhaltung der Regeln sicherzustellen, gibt es Moderatoren, die unerwünschte Beiträge löschen, Nutzer verwarnen und Wiederholungstäter aus Gruppen oder gar der Plattform ausschließen. Außerdem können Sie und andere Nutzer neben den Posts auch Beiträge downvoten oder upvoten. Das beeinflusst das Karma-System des Beitragserstellers/Kommentierenden. Besagtes System soll dabei helfen, gute beziehungsweise erfahrene Nutzer zu erkennen. Im Karma-System sind Downvotes Minuspunkte und Upvotes Pluspunkte. Wer qualitativ hochwertige Posts und hilfreiche Kommentare veröffentlicht, hat also in der Regel einen guten Karma-Score. Toxische Mitglieder auf der anderen Seite haben einen schlechten Karma-Score und lassen sich dadurch leicht identifizieren.

4.3 Warum Reddit als Marketinginstrument nutzen?

Wenngleich Reddit in Deutschland bisweilen noch kaum als Marketinginstrument verwendet wird, ist das Potenzial doch enorm. Das hat vor allem einen triftigen Grund – Reddit kann Traffic generieren. Gerade dann, wenn Inhalte viral gehen, kann das tausende, zehntausende oder gar hunderttausende Besucher auf die eigene Webseite leiten. Sollte der eigene Post/Kommentar einen Mehrwert bieten, lassen sich zudem Konversionen in Form von Anmeldungen, Buchungen oder Produktkäufen erzielen. Dabei bietet Reddit sogar einen entscheidenden Vorteil gegenüber Marketing mit Instagram. Während Instagram für alternativen Content nur bedingt geeignet ist, sieht das bei Reddit schon anders aus. Zudem spielt die eigene Person bei Reddit eine weit geringere Rolle und das kann für Unternehmen ein großer Vorteil sein. Nicht ohne Grund ist die Plattform bei Social-Media-Vorträgen der GfA e.V. immer wieder ein Thema. Generell sind Nischen bei der sozialen Plattform gut aufgehoben, was ein entscheidender Unterschied zu den meisten anderen Social-Media-Kanälen ist.

Vorteile von Reddit als Marketinginstrument:

- Enorme Reichweite im englischsprachigen Raum
- Virale Posts können viel Traffic bringen
- Anonyme Nutzung möglich
- Dank Subreddits zu unterschiedlichen Themen ideal für Nischen
- Ein guter Karma-Score erleichtert das Marketing
- Diskussionen mit Millionen von Menschen

Nachteile von Reddit als Marketinginstrument:

- Reine Werbeaktionen kaum durchsetzbar
- In Deutschland bisher noch relativ wenig genutzt
- Rahmenbedingungen können das Marketing erschweren

Doch so groß das Potenzial von Reddit als Marketinginstrument auch ist, es lässt sich nicht leugnen, dass es einige Nachteile gibt. Einer der größten ist dabei unumstritten die Ablehnung gegenüber kommerziellem Content. Die meisten Nutzer der Plattform sehen Werbung kritisch und nehmen entsprechende Posts oder Kommentare regelrecht auseinander. Wenn Sie Reddit als Marketinginstrument nutzen möchten, brauchen Sie also unbedingt eine gute Strategie, denn reine Werbeaktionen haben keine Chance. Ein weiteres Problem ist die Tatsache, dass Reddit im deutschsprachigen Raum bisweilen noch relativ wenig genutzt wird. Das ist jedoch ein zweischneidiges Schwert, das theoretisch ein Vorteil sein kann, da die Marketing-Konkurrenz ebenfalls überschaubar ist. Nichtsdestotrotz ist es so, dass Reddit sich vor allem für Unternehmen eignet, die nicht nur in Deutschland, sondern auch auf internationaler Ebene agieren möchten.

4.5 Marketer brauchen eine gute Strategie

Aufgrund der vorliegenden Rahmenbedingungen und der Tatsache, dass die Nutzer von Reddit kommerziellen Inhalten eher kritisch gegenüberstehen, werden Sie als Marketer eine gute Strategie brauchen. Sie müssen daher möglichst authentisch und menschlich vorgehen, um Reddit als Marketinginstrument zu nutzen. Marketingbotschaften müssen subtil in den Content eingebunden werden, damit Nutzer diese akzeptieren. Das heißt in erster Linie, dass der Mehrwert nicht fehlen darf. Nur wenn der eigene Post/Kommentar hochwertig ist und Nutzern einen echten Mehrwert bietet, ist beispielsweise ein Link zur eigenen kommerziellen Webseite möglich. Andernfalls wird das wahrscheinlich dazu führen, dass der Beitrag direkt negativ kommentiert und gedownvotet wird. Unter Umständen kommt es sogar zu einer Löschung oder Sie werden direkt aus der Plattform ausgeschlossen. Versuchen Sie daher kommerzielle Inhalte möglichst natürlich zu gestalten. Wie Sie dabei am besten vorgehen, erfahren Sie in anderen Artikeln unserer Gut Zu Wissen Reihe. Schauen Sie also einfach auf der Homepage der GfA e.V. vorbei, wenn Sie eine gute Strategie ausarbeiten möchten. Übrigens kann eine regelmäßige Aktivität auf der Plattform ungemein helfen, da Sie dadurch Ihren Karma-Score steigern können. Das wiederum verbessert Ihre Vertrauenswürdigkeit und macht es einfacher, den Zugang zu anderen Nutzern zu finden.

4.6 Fazit

In Deutschland wird Reddit bisher noch kaum für das Social-Media-Marketing genutzt, aber die Gesellschaft für Arbeitsmethodik steht der Plattform dennoch positiv gegenüber, da sie mit ihren zahlreichen Subreddits ein enormes Potenzial birgt. Bereits ein viraler Post reicht theoretisch aus, um viel Traffic zu generieren und dadurch das eigene Projekt voranzutreiben. Da es zu fast jedem Thema einen Subreddit gibt, bietet sich Reddit dank seiner Vielfältigkeit für die unterschiedlichsten Nischen an. Allerdings ist das eher beim englischsprachigen Reddit als beim deutschsprachigen Reddit der Fall. Zum einen bedeutet das, dass sich Reddit eher für eine internationale Zielgruppe eignet. Zum anderen ist die bisher geringe Bedeutung als Marketinginstrument in Deutschland nicht nur ein Nachteil, da dies auch mit einer geringeren Konkurrenz einhergeht. Ihnen sollte jedoch bewusst sein, dass Reddit sich nicht für reine Werbeaktionen eignet. Um kommerzielle Inhalte zu verbreiten, benötigen Sie eine fundierte Strategie. Fakt ist, dass Sie Reddit als Marketinginstrument nicht außer Acht lassen dürfen. Mit der richtigen Vorgehensweise kann die Plattform ein regelrechter Traffic-Magnet sein. Probieren Sie Reddit am besten einfach aus.

5. WIE MIT HILFE VON SHOPPABLE POSTS INSTAGRAM-VERKÄUFE ANGEKURBELT WERDEN KÖNNEN

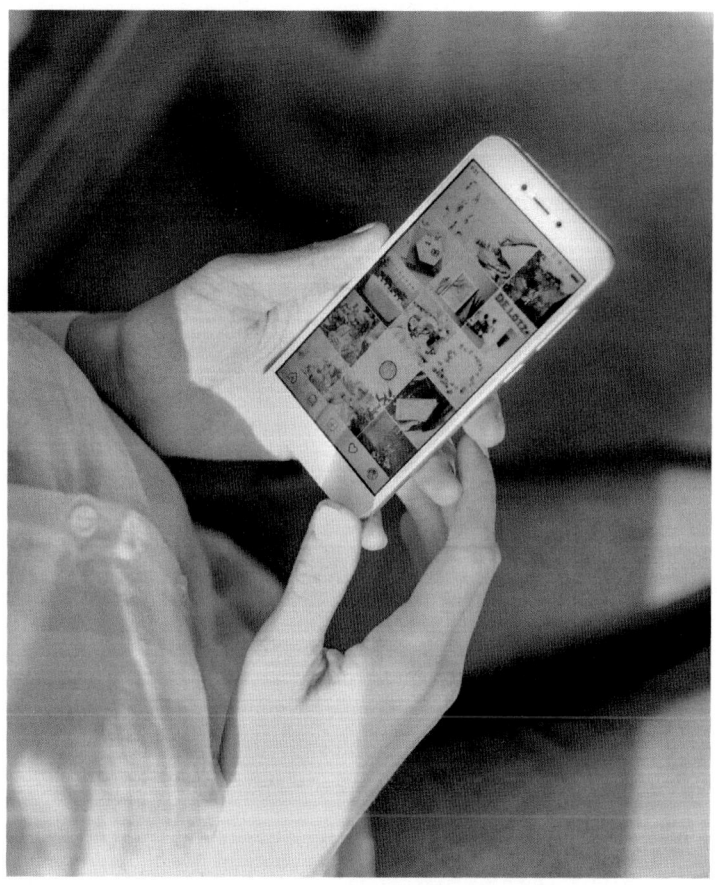

Abbildung 4: Shoppable Posts

Die Social-Media-Plattform Instagram stellt längst nicht mehr nur eine tolle Möglichkeit dar, um schöne Bilder oder unterhaltsame

Kurzvideos zu posten, sondern ist immer mehr auch ein lukrativer Marketing-Kanal (Siehe auch unseren Beitrag über Instagram in Band 3 dieser Reihe). Rund 500 Millionen aktive Nutzer verzeichnet Instagram bisweilen weltweit, von denen jeden Tag rund 40 Prozent (also rund 200 Millionen User) entsprechende Business-Profile aufsuchen. In den Vereinigten Staaten reagierte Instagram auf diese Tatsache bereits im Jahre 2016, mit seinen sogenannten Shoppable Posts. Hierzulande ist es seit März 2020 endlich so weit. Doch, was sind Shoppable Posts überhaupt genau? Kurz und knapp: Mithilfe von Shoppable Posts kann der gesamte Kaufprozess direkt über die Plattform Instagram abgewickelt werden – und das mit ein paar wenigen Klicks! Das Feature erlaubt das Entdecken von Produkten bis hin zur Zahlung. Damit verschmelzen Marketing und Vertrieb erstmalig auf nur einer Plattform – ein Mix aus Facebook und eBay ist dadurch gewissermaßen entstanden. Für den potenziellen Käufer bedeutet dies, dass diese minimalen Hürden beim Kaufabschluss überwinden muss, was die Umsatzzahlen der auf Instagram vertretenen Unternehmen und Affiliates deutlich ankurbeln wird. In den nun folgenden Abschnitten soll daher einmal auf die neue Möglichkeit der Shoppable Posts auf Instagram eingegangen werden. Zudem soll aufgezeigt werden, welche Voraussetzungen dafür erfüllt sein müssen und wie diese effektiv umgesetzt werden können.

5.1 Diese Voraussetzungen müssen für Shoppable Postsauf Instagram zunächst erfüllt werden

Um die neuen **Shoppable Posts** bei Instagram für sich selbst zunutze zu machen, müssen zunächst ein paar Bedingungen erfüllt werden, die im Folgenden einmal aufgelistet werden sollen:

- bisweilen ist die Nutzung von **Shoppable Posts** auf Instagram auf wenige Staaten begrenzt (zum Beispiel **Deutschland**, die **USA, Kanada, Australien, Frankreich** oder **Spanien**)
- es muss vorher ein **Facebook-** sowie **Instagram-Businesskonto** eingerichtet worden sein
- es wird die **neueste Instagram-App-Version** benötigt (eine Desktop-Version ist aktuell noch nicht verfügbar)
- es können nur **physische Produkte** beworben werden (derzeit noch keine Dienstleistungen)
- Produkte müssen den **Handelsrichtlinien** sowie **Handelsvereinbarungen** von Instagram sowie Facebook entsprechen
- das eigene Instagram-Businessprofil muss mit einem entsprechenden **Facebook-Katalog** verknüpft worden sein (hierfür kann zum Beispiel der **Facebook Business Manager** genutzt werden)

5.2 So gehen Shoppable Posts auf Instagram

Zunächst sollte auf Instagram ein entsprechendes ***Produktsortiment*** hinterlegt werden. Hierfür kann zum Beispiel der **Produktkatalog** des **Facebook Business Manager** genutzt werden. Grundvoraussetzung dafür ist jedoch die vormalige Erstellung eines **Facebook Businessprofils**. Ist dieses vorhanden, kann der etwaige Produktkatalog unter **Personen und Elemente**, daraufhin dann **Katalog** und schlussendlich über **hinzufügen** auf Instagram hinterlegt werden. Ist der Katalog an Produkten einmal erstellt, muss das eigene ***Instagram Businessprofil mit dem Facebook***

Businessprofil verbunden werden. Dieser Prozess ist etwas zäh, da die *Verifizierung* unter Umständen **einige Stunden bis Tage dauern** kann. Der letzte Schritt, einen *Shoppable Post bei Instagram zu erstellen*, lässt sich dann wiederum schnell und unkompliziert umsetzen. Hierzu muss – wie gewohnt – ein **Foto** ausgewählt werden und mit entsprechenden Effekten oder Filtern bearbeitet werden. Zu guter Letzt können die zu bewerbenden Produkt dann **ähnlich wie Personen markiert werden**. Die hierfür möglichen Produkte können aus dem hinterlegten Produktkatalog entnommen werden. Anschließend muss der entsprechende *Beitrag nur noch veröffentlicht werden* und fertig ist der eigene Shoppable Post auf Instagram.

5.3 SämtlicheMöglichkeiten der Shoppable Posts auf einen Blick

Shoppable Posts auf Instagram lassen sich unter anderem **perfekt in die eigene Content-Strategie einbinden.** Hierfür können auch bereits bestehende Inhalte mit den lukrativen Verlinkungen angereichert werden. Statistisch gesehen generierten Unternehmen allein im **März 2020**, also im Startmonat auf deutschem Boden, bereits **2.666 Prozent** mehr **Traffic**, beziehungsweise **100 Prozent** mehr **Umsatz**. Indem **mindestens 9 Shopping-Posts** erstellt werden, wird dem Besucher ein spezieller **Shopping-Button** ersichtlich, der dem Besucher aufzeigt, dass Instagram-Shopping angeboten wird. Pro Bild können **bis zu 5 Produkte** und pro Post **bis zu 20 Produkte** verlinkt werden – hierfür kann im Übrigen auch das beliebte **Carousel-Format** genutzt werden. Um auf eigene **Shoppable Posts** aufmerksam zu machen, kann zudem die **Instagram-Story** verwendet werden.

5.4 Alle Vor- und Nachteile der Shoppable Posts auf Instagram

Vorteile:

- relevante Produktinformationen können nun **zu Beginn der individuellen Customer Journey** eingebunden werden
- Erleichterung des **Kaufentscheidungsprozesses** (sinkende Kaufschwelle)
- vergleichsweise einfache und schnelle **Inszenierung** der eigenen Produkte möglich
- genauer Preis ist **sofort ersichtlich**
- gute Nebeneinnahmequelle auch für **Affiliates**

Nachteile:

- leider nur via **Instagram Businessprofil** möglich
- noch nicht für **Dienstleistungen** realisierbar

Unser Fazit zu den Shoppable Posts auf Instagram

Am Ende des Tages müssen jedes **Unternehmen** oder jeder **Influencer** selbst entscheiden, ob die neue Möglichkeit der **Shoppable Posts** die eigene Marketing-Strategie ergänzen oder eher behindern. In jedem Fall handelt es sich jedoch um eine relativ einfache und schnell umsetzbare Möglichkeit, die eigenen **Produkte** über Instagram an den Kunden zu bringen und gleichzeitig für **mehr Traffic** zu sorgen. Die aktuelle Situation stellt jedoch noch nicht den Höhepunkt der Entwicklungen dar, jedoch sind Shoppable Posts bei Instagram der erste Schritt in Richtung einer Verkaufsplattform, obwohl sich Instagram bisweilen einzig und allein als Unterhaltungsplattform präsentierte.

6. STORYTELLING IM ONLINE-MARKETING UND VERKAUF

Abbildung 5: Storytelling

Seit Urzeiten erzählen Menschen einander Geschichten, um Botschaften, Ideen, Erfahrungen und Emotionen zu vermitteln. Auch im Marketing und im Verkauf spielt Storytelling eine entscheidende Rolle. Marketers haben seit jeher Geschichten eingesetzt, um potenzielle Kunde für ihre Marke und Produkte zu begeistern. Das Grundmuster der Erzählungen hat sich seit der Gebrüder Grimm kaum geändert, neu sind nur die Medien, mit denen diese Stories verbreitet werden.

6.1 Der Einsatz von Storytelling im Online-Marketing und Verkauf

Ziel jeder Marketing- oder Verkaufsaktivität ist es, ein Ergebnis zu erzielen, das heißt, (potenzielle) Kunden dazu zu bringen, auf Ihre Botschaft zu reagieren und entsprechende Aktionen zu setzen. Angesichts der Fülle von Informationen, die heutzutage ständig auf Konsumenten einprasseln, besteht die größte Herausforderung darin, mit seiner Botschaft durchzudringen und die gewünschte Reaktion zu provozieren. Der Schlüssel dazu heißt Relevanz.

Wie ein Türsteher vor einem begehrten Club hält die Amygdala vor unserem Bewusstsein Wache und entscheidet, welche Informationen durchgelassen werden. Eines sei an dieser Stelle gleich verraten: Emotionale Reize haben es leichter – genau darin liegt die Kraft von Geschichten. Damit diese für die Adressaten relevant sind, müssen Marketers und Verkäufer verstehen, was diesen wichtig ist und mit welchen Herausforderungen sie zu kämpfen haben. Nur dann können sie ihnen glaubhaft vermitteln, wie ihr Produkt ihnen dabei hilft, diese Hürden, Krisen oder Konflikte zu überwinden.

Die Zeiten im Online-Marketing, in denen sich alles darauf konzentrierte, die Nutzer unerbittlich immer wieder mit der gleichen Botschaft zu bombardieren, bis ihnen die Jingles ins Gehirn gebrannt waren, sind vorbei. Klassische Werbung stößt zunehmend an ihre Grenzen. Im Online-Marketing kursiert zudem der Begriff „Banner Blindness" – die Blindheit der Adressaten gegenüber klassischen Werbebannern. User haben sich an typische Werbebanner und -spots gewöhnt – und zwar nicht nur online, sondern medienübergreifend. Bewegende Geschichten sind somit zunehmend gefragt.

6.2 Die Grundlagen des Storytellings

Storytelling aktiviert den Teil des Gehirns, der für Gefühle zuständig ist. Diese Emotionen beeinflussen, wie Kunden und potenzielle Kunden eine Marke oder auch ein Produkt wahrnehmen. Neurowissenschaftler und Psychologen haben die Wirkung von Storytelling untersucht. Die Grundidee dabei ist folgende: Unsere Gehirne haben sich im Laufe der Zeit darauf spezialisiert, Geschichten zu erzählen, zu verstehen und zu behalten. Deswegen werden Stories viel besser erinnert als blanke Fakten.

Kehren Sie zu Ihren Wurzeln als Geschichtenerzähler zurück, verbinden Sie Ihre Brand mit Ihren Gefühlen und erzählen Sie Ihrer Zielgruppe, wer Sie sind, wofür Sie stehen und warum Sie existieren. Ihr Ziel sollte sein, dass Ihre Zielgruppe sich mit Ihrer Marke bzw. Ihrem Angebot identifiziert, einen Mehrwert für sich erkennt und Sie in Erinnerung bleiben. Gute Stories können das schaffen, denn Sie bieten drei wichtige Vorteile:

- Sie schaffen Verbindung zu Ihrer Zielgruppe: Konsumenten stellen sich Marken gewöhnlich als unantastbare Einhelten vor. Infolgedessen erscheinen Unternehmen in der Regel als fremd und unnahbar, was es Marketers erschwert, sie authentisch erscheinen zu lassen. Geschichten zapfen die Gefühle der Menschen an, inspirieren sie, sich mit Ihrer Marke oder Ihrem Angebot auseinanderzusetzen und schaffen eine emotionale Bindung. Gewinnen Sie Kunden, indem Sie eine Erzählung rund um Ihre Marke und Ihre Produkte schaffen!

- Sie vereinfachen komplexe Botschaften: In Zeiten immer kürzer werdender Aufmerksamkeitsspannen wird es zunehmend wichtiger, zumindest für einige Sekunden die ungeteilte Aufmerksamkeit eines Adressaten zu erlangen. Aber wie? Das Zeitfenster, um Ihre Ideen und Botschaften wirksam zu kommunizieren ist eng. Fesselnde Geschichten bieten eine wirksame Möglichkeit, diese Barriere zu umgehen und Inhalte effektiv zu vermitteln.

- Sie bringen Menschen zusammen: Überall auf der Welt verstehen Menschen aus allen Kulturen das Konzept eines Helden, einer Prüfung und eines Sieges. Geschichten bedienen sich einer grenzenlosen Sprache, die ein Gemeinschaftsgefühl unter unterschiedlichen Menschen aufbaut. Gute Geschichten sind universell, jeder kann sich mit ihren Charakteren identifizieren, mit diesen leiden und am Ende über das bestandene Abenteuer freuen. Zudem werden sie aufgrund der Emotionen, die sie wecken, von Personen und Generationen weitergegeben.

Gute Geschichten sind

- unwiderstehlich und bewegend: Sie halten uns bei der Stange, begierig darauf, zu erfahren, was als Nächstes passiert. Sie provozieren emotionale Reaktionen und befriedigen emotionale Bedürfnisse.
- gut strukturiert: Sie schaffen es, eine klar definierte Kernaussage prägnant und unmissverständlich zu vermitteln und helfen, deren Implikationen intuitiv zu erfassen.

- authentisch: Sie spiegeln Ihre Persönlichkeit und Ihre Werte wider. Das erfordert, dass Sie sich angreifbar machen, etwas von sich Preis geben, denn nur so kann sich Ihre Zielgruppe emotional mit Ihnen identifizieren.
- interaktiv: Sie lassen die Adressaten (zumindest gedanklich) Teil der Handlung werden. Das erfordert, dass Sie Ihre Zielgruppe kennen und wissen, was diese bewegt.
- kundenzentriert: Sie drehen sich um Ihre Kunden, auch wenn Sie Ihre eigene Geschichte erzählen. Dabei zeigen sie auf, was Sie mit Ihren Kunden gemeinsam haben. Nicht Sie oder Ihr Unternehmen sind der Held der Geschichte, sondern Ihre Kunden.

6.3 Der Prozess des Geschichtenerzählens

Geschichtenerzählen ist eine Kunst und erfordert, wie alle Künste, Geschick, Kreativität und viel Übung. Die nachfolgenden Schritte sollten Sie bei der Entwicklung Ihrer Story berücksichtigen:

- Analysieren Sie Ihre Zielgruppe: Was beschäftigt diese? Welche emotionalen Bedürfnisse hat sie? Mit welchen Charakteren kann sie sich identifizieren? Was möchte sie wissen? Was wollen Sie ihr mit auf den Weg geben? Welche Reaktion wollen Sie provozieren? Studieren Sie Ihre Zielgruppe, definieren Sie Ihre Käuferpersönlichkeiten und entwickeln Sie die richtige Geschichte für das richtige Kundensegment.
- Definieren Sie Ihre Schlüsselbotschaft: Bevor Sie Ihrer Fantasie mit Formaten, Länge und Gestaltungsideen freien Lauf lassen, gilt es, die Kernaussage Ihrer Geschichte

zu definieren. So wie ein Haus auf einem Fundament gebaut wird, sollten Sie eine genaue Vorstellung über das Gerüst Ihrer Erzählung haben und sich im Klaren darüber sei, was Sie damit erreichen wollen. Versuchen Sie, die Kernaussage in 7-10 Worten zusammenzufassen - wenn Sie das nicht können, ist die Botschaft noch zu unklar.

- Entwickeln Sie eine anregende Handlung: Erzählen Sie, wie Ihre Charaktere eine Herausforderung erfolgreich bewältigt haben und wie Ihre Adressaten dasselbe tun könnten. Verpacken Sie darin auch Ihre Markenwerte. Dies ist besonders wichtig, wenn Ihre Zielgruppe diese vielleicht noch nicht teilt oder versteht. Setzen Sie auf vertraute Charaktere und Handlungen, um zu zeigen, wie die Geschichte auf Ihre eigenen Erfahrungen zutrifft.

- Wählen Sie das effektivste Medium: Geschichten können viele Formen annehmen: einige Geschichten werden gelesen (z. B. Blogeinträge), andere werden angehört (z. B. Podcasts) und wieder andere werden mit den Augen verfolgt (z. B. Videoclips). Welches Medium Sie wählen, hängt von der Geschichte selbst, den verfügbaren Ressourcen sowie den Vorlieben Ihrer Zielgruppe ab. Finden Sie heraus, welches die bevorzugten sozialen Plattformen Ihrer Zielgruppe sind, wo und wann diese typischerweise Inhalte austauscht und worauf sie sich gerne einlässt.

- Definieren Sie Ihren Call to Action (CTA): Überlegen Sie, welche Maßnahmen Ihre (potenziellen) Kunden ergreifen sollen, nachdem sie Ihre Geschichte gehört, gesehen oder gelesen haben. Sollen sie einen Newsletter abonnieren, einen Artikel kaufen, für einen wohltätigen Zweck spenden, etc.?

- Werben Sie für Ihre Geschichte: Die Erstellung der Geschichte ist nur die halbe Miete. Bedenken Sie, dass diese umso mehr Reichweite erlangt, je mehr Plattformen Sie nutzen, um sie zu verbreiten.

6.4 Ein Storytelling-Leitfaden

Marketers müssen die drei Kernelemente ihrer Botschaft klar identifizieren, bevor sie ihre Geschichte spinnen: die Einleitung, den Erzählbogen und die Auflösung. Weitverbreitet im Storytelling ist die sogenannte Heldenreise, deren Handlungsrahmen mal mehr und mal weniger komplex dargestellt wird. Sie wurde 1949 von Joseph Campbell entwickelt und bietet Anhaltspunkte, wie die Hauptfigur eine bestimmte Reihe von Ereignissen durchläuft, die sie dazu bringen, ihr inneres heroisches Potenzial anzusprechen und ihre Welt für immer zu verändern.

Dieses Konzept lässt sich auch für das Erzählen von Markengeschichten oder Sales Pitches nutzen. Die Handlung lässt sich dabei folgendermaßen kurz zusammenfassen: Ihr (Ziel-)Kunde (der kühne Held) zieht aus um gewisse Schwierigkeiten oder Bedrohungen zu überwinden, wobei ihm Ihr Produkt oder Ihre Dienstleistung hilft, und kehrt schließlich triumphierend mit seinem zu Recht verdienten Preis (Erfolg, ein Schatz, das Königreich) zurück.

Die klassische Heldenreise ist in zwölf Etappen unterteilt. Da diese doch sehr komplex ist, hat sich in der Praxis meist eine sechsstufige Erzählstruktur bewährt:

- Eine emotional bedeutende Ausgangssituation. Hier gilt es, gleich zu Beginn Spannung, Neugierde, Mitgefühl oder Belustigung zu wecken.

- Eine Hauptfigur, die auf Ihre Zielgruppe sympathisch wirkt und an deren Geschichte diese gerne Teil hat.
- Konflikte und Hindernisse, die die Hauptfigur überwinden muss. Ohne diese wird eine Story schnell langweilig.
- Eine erkennbare Entwicklung (Vorher-Nachher-Effekt), die im Sinne Ihrer Kunden ist.
- Ein Höhepunkt - möglichst ein auf das eigene Leben anwendbares Fazit – die Moral von der Geschichte.
- Ein gelungenes Ende, das das Versprechen einhält, das am Anfang der Geschichte gegeben wurde. Für die Adressaten ist es wichtig, dass am Ende eine saubere Auflösung erfolgt.

Schicken Sie Ihren Helden auf ein packendes, emotionales Abenteuer. Vielleich muss er nicht gleich ein Königreich inklusive bedrohter Prinzessin retten, aber trotz Rückenschmerzen ein Baumhaus für seine Enkelkinder bauen, was ihm Dank Schmerzsalbe gelingt. Belohnt wird er dafür mit glänzenden Kinderaugen und dem Gefühl, selbst wieder Kind zu sein.

Kunden wollen Produkte lieber selbst entdecken, als von Werbung überflutet zu werden und sind gegenüber kommerziellen Botschaften skeptisch. Lassen Sie sie in die Fußstapfen des Helden treten, um eine emotionale Bindung zwischen Ihrer Marke und Ihrer Zielgruppe aufzubauen. Multiplikatoren für packende Stories finden sich unter anderem in den digitalen Tiefen von Sozialen Netzwerken. Im Zeitalter von Social-Media entfaltet sich ihre Wirkung nicht nur beim jeweiligen Empfänger, sondern auch in dessen Netzwerk.

6.5 Fazit

Wenn Sie Ihr Unternehmen, Ihr Produkt und Ihre Marke dramaturgisch in Form von Storytelling aufbereiten, können Sie Ihre Botschaften besser und nachhaltiger transportieren. Mithilfe von Inspiration und Illustration verleihen Geschichten einer Marke auf kognitiver und emotionaler Ebene Wert und Bedeutung. Einstellung, Bindung, Vertrauen und Begehrlichkeit Ihrer Produkte werden so nachweislich gesteigert. Die Forschung belegt: Kunden suchen nach Produkten, doch am Ende kaufen sie Stories.

7. INFOGRAFIKEN IM ONLINE MARKETING

Infografiken sind ein beliebtes Gestaltungselement im Marketing. Informative Bilder und Grafiken transportieren die Kernaussage auf einen Blick und stellen Zahlen, Daten und Fakten visuell anschaulich dar. Überraschenderweise haben Infografiken eine lange Tradition. 1786 ist das Gründungsjahr der modernen Infografik. Der Volkswirtschaftler William Playfair verwendete in seiner Publikation „Wirtschaftlicher und politischer Atlas" grafische Verallgemeinerungen, um Sachverhalte übersichtlich zu dazustellen. Die Infografiken von Otl Aicher gehören zu den bekanntesten. Für die Olympischen Sommerspiele 1972 veröffentlichte der Grafikdesigner Piktogramme, die von da an zu einer universellen Kommunikationsform wurden. Auch heute erfreuen sich Infografiken einer wachsenden Popularität. Die Gesellschaft für Arbeitsmethodik e.V. hat spannende Fakten zum Thema zusammengetragen.

7.1 Visuelles Storytelling: Eine Infografik sagt mehr als tausend Worte

Vor allem in den Bereichen Content-Marketing und Storytelling haben sich grafische Gestaltungselemente etabliert. In wissenschaftlichen Arbeiten und Medien-Beiträgen ergänzen oder unterstreichen Bilder und Grafiken den Textinhalt. Zahlenmaterial und komplexe Informationen wie Prozessabläufe lassen sich mithilfe von Infografiken übersichtlich, verständlich und reduziert auf das Wesentliche veranschaulichen. Durch stilistische Gestaltungselemente (Icons, Farbschema nach dem Corporate Design des Unternehmens) wird jede Grafik einzigartig und hebt sich von der Masse ab. Den Informationen, die wir zusätzlich zum Text visuell wahrnehmen, bleiben länger in Erinnerung. Würde man die Inhalte ausschließlich mit Worten beschreiben, müssen sich Leserinnen und Leser stark anstrengen, um alle komplexen Inhalte zu verarbeiten und zu verstehen. Häufig werden solche Texte nicht zu Ende gelesen, was im Marketing absolut kontraproduktiv ist. Bilder können Menschen weit schneller erfassen. Innerhalb von 150 Millisekunden verstehen wir vertraute Symbole und in nur 100 Millisekunden verknüpft unser Gehirn eine Bedeutung mit den Symbolen. Mit Infografiken sollen folgende Ziele erreicht werden:

- Interesse wecken,
- Informationen in strukturierter Form vermitteln,
- Informationen auf unterhaltsame und ansprechende Art vermitteln,
- Aufmerksamkeit für ein Produkt, eine Marke oder ein Unternehmen erzeugen,
- Traffic durch Teilen der Grafik auf Instagram, Facebook oder Pinterest generieren,
- Leads generieren.

Um Backlinks zu erzeugen, ist ein umfassendes Konzept zur Infografik notwendig. Die Grafik kann beispielsweise auf eine themenspezifische Landingpage verlinken. Eine weitere Möglichkeit ist die Einbettung der Infografik in einem Blogartikel.

7.2 Wichtige Überlegungen im Vorfeld

Machen Sie sich vorab klar, zu welchem Zweck die Infografik benötigt wird. Bei unternehmensinternen Präsentationen (z.B. Mitarbeiterbefragung) ist es ausreichend, gängige Software zur Veranschaulichung zu verwenden. Im Bereich der externen Unternehmenskommunikation ist häufig mehr Kreativität gefragt. Unternehmen heben sich auf diese Weise von der Konkurrenz ab und werden in der Informationsflut stärker sichtbar. Kampagnenprojekte und anspruchsvoller Content werden häufig auch in Zusammenarbeit mit Grafik- und Marketingagenturen entwickelt. Dank intuitiver Software-Tools ist das aber auch unternehmensintern möglich.

7.3 Die Datengrundlage

Für die Präsentation statistischer Daten ist die Vorarbeit häufig aufwendig. Eine valide und vollständige Datenbasis ist Voraussetzung. Unternehmensinterne Daten, die für interne Reportings verwendet wurden, liegen in verlässlicher Qualität vor. Die folgenden Daten und Themenbereiche sind relevant für Infografiken:

*   Statistische Daten: Markt- und Branchendaten, Umsatzzahlen, Umfrageergebnisse,
*   Prozesse: Wertschöpfungsprozesse, Handlungsabfolgen, Anleitungen,
*   Darstellung von Zusammenhängen und Beziehungen,
*   chronologische Daten: Ereignisabfolge, Zeitachsen, Darstellung von wichtigen Ereignissen,
*   Vergleiche und Listen,
*   geografische und soziodemografische Daten.

Bei der Grafikentwicklung geht es dann darum, die Zahlen in den Kontext zu setzen und Kernbotschaften zu formulieren. Falls Fremdquellen (z.B. Branchendaten) einbezogen werden, sollten Quellenangaben (z.B. Statista, Destatis, Daten von Branchenverbänden) in der Infografik angegeben werden. Dadurch präsentieren sich Unternehmen als kompetente Marktteilnehmer mit Branchenkenntnis.

7.4 Konzeptentwicklung und Gestaltung

Bei der Gestaltung von Infografiken sollten Sie die Zielgruppe genau im Blick haben. Überlegen Sie, welchen Wissensstand die Zielgruppe zum Thema hat. Daraus ergibt sich die Menge der Informationen, die die Infografik transportieren muss. Im B2B-Bereich ist eine umfassende Branchenkenntnis vorhanden. Deshalb kann Bildmaterial anders als im B2C-Bereich gestaltet werden. Gestaltungselemente auf Basis der Corporate Identity erhöhen den Wiedererkennungswert und bringen die Grafiken mit einem Unternehmen in Verbindung. Bei mehrsprachigen Infografiken sollte beachtet werden, dass der Textumfang bei der Übersetzung variiert und die Gestaltung angepasst werden muss. Das individuelle Design einer Infografik ist von der Botschaft, dem Kontext und dem Nutzen abhängig. Unternehmen erarbeiten im Rahmen der Content-Visualisierung die Quintessenz der Informationsgrundlage. Im Idealfall ist die Kernaussage auf den ersten Blick ersichtlich. Stellen Sie sich vorab folgende Fragen, bevor Sie mit der Planung und Gestaltung beginnen:

- Welches Thema möchten Sie veranschaulichen und welche Botschaft soll transportiert werden?

- Kann die Kernbotschaft treffend mit einer Infografik veranschaulicht werden?
- Ist die Grafik mit wenig Text verständlich?
- Ist die Infografik nur Beiwerk einer Marketing-Kampagne oder ein wesentlicher Teil davon?

Infografiken werden im Print und Online-Bereich verwendet. In Online-Kanälen werden Infografiken jedoch weit häufiger eingebunden. Deshalb sollten Infografiken über alle Endgeräte hinweg (PC, Tablet, Smartphone) gut darstellbar sein. Nutzerfreundlichkeit und Lesekomfort sind besonders wichtig. Sinnvolle Hierarchien durch Überschriften, Fließtext und Bildunterschriften sorgen dafür, dass der Gafikinhalt schneller erfasst wird. Verwenden Sie nur eine Schriftart bei Bedarf in unterschiedlichen Schriftschnitten. Grafiken mit einem durchdachten Farbmanagement wirken ruhig und stimmig. Eine Farbpalette mit maximal vier bis fünf Farben ist optimal. Zu viele Bildinformationen durch Farbflut und unterschiedliche Schriftarten wirken ermüdend. Für Online-Medien (Websites, soziale Medien) ist eine Breite von 600 bis 1.000 Pixel im Hochformat optimal. Für das Branding ist Fingerspitzengefühl gefragt. Im Content-Marketing will man häufig vermeiden, dass die Grafik zu stark als Werbegrafik wahrgenommen wird. Eine Balance aus Elementen des Corporate Designs und einem frei gestalteten Layout ist optimal. Während im Printsegment und bei Präsentationen die Einbindung des Firmenlogos die Regel ist, sollte bei einer Infografik genau überlegt werden, ob das in dem jeweiligen Kontext sinnvoll ist. Eine aussagekräftige Überschrift ist besonders wichtig. Scrollgrafiken sind ein beliebtes Visualisierungselement im Social-Media-Bereich. Nur wenn diese ansprechend ist, schaut sich die Zielgruppe die komplette Scrollgrafiken an.

Wertvolle Tipps kurz und knapp im Überblick:

- prägnante und kurze Überschrift,
- logische Informationshierarchie mit gut strukturierten Daten,
- Texte auf ein Minimum reduzieren,
- Farbmanagement und Schriftart auf Basis des unternehmenseigenen Corporate Designs,
- Minimalismus: zwei bis drei Schriftgrade und Farben,
- aussagekräftige Icons und Symbole verwenden,
- passende Diagrammarten wählen,
- Dateiformate: JPGs sind häufig pixelig in der Darstellung, PNG ist das bessere Format,
- strukturiertes Layout.

Wichtig ist die Verbreitung der Infografik an der richtigen Stelle. Nur so erreichen Sie die relevante Zielgruppe.

7.5 Vor- und Nachteile

Der größte Vorteil ist die präzise Darstellung von komplexen Zusammenhängen. Die visuell vermittelten Informationen werden leicht aufgenommen und verarbeitet. Populäre Infografiken eignen sich für fast jedes Thema. In den sozialen Medien werden diese Grafiken gern und häufig geteilt. Auch die Klickrate ist im Vergleich zu anderen visuellen Gestaltungsmitteln um ein Vielfaches höher. Das Thema der Grafik muss zuvor tiefgründig recherchiert werden, um die Informationen präzise aufzubereiten. Diese Arbeit erfordert einen hohen Zeitaufwand, was ein klarer Nachteil ist. Wird ein unpopuläres Thema präsentiert oder ist die Grafik nicht stimmig, weil die Aufbereitung nicht zum Thema passt, wird die

Infografik ihren Zweck verfehlen. Es ist vorab schwierig zu prognostizieren, wie die Zielgruppe die Infografik annimmt. Klassische Suchmaschinenoptimierung ist nicht möglich. Google liest Text in Bilddateien nicht aus. SEO wird hauptsächlich über die Metadaten umgesetzt. Trotz der Nachteile haben Infografiken im Marketing großes Potenzial. Mit dem richtigen Thema und einer stimmigen und überzeugenden Gestaltung können Infografiken zum viralen Marketingerfolg werden. Mit den richtigen Ideen kann das auch mit kleinem Marketing-Budget gelingen.

7.6 Infografiken in den sozialen Medien

Schnelllebige Kanäle wie Social Media sind eine wichtige Marketingplattform. Infografiken funktionieren dort im Rahmen des Content-Marketings besonders gut. User nehmen diese Inhalte häufig nicht als Werbung wahr, da die Grafiken einen informativen Mehrwert bieten. Neben Facebook sind Instagram und Pinterest unbedingt zu berücksichtigen. Die visuelle Wahrnehmung ist auf Instagram und Pinterest besonders vordergründig. Beiträge, die auf den ersten Blick interessant erscheinen, werden angeklickt. Auch Linked-In und Xing sind für Content-Marketing mit Infografiken relevant, wenn die Zielgruppe dort erreicht werden kann. Für Infografiken gilt: Seien Sie damit überall. Eine Infografik nur auf der Unternehmenswebsite zu platzieren, hätte keinen großen Erfolg. Im Social Media Marketing ist die Anzahl der Likes, Shares, Kommentare, Links und Klicks die einzige Möglichkeit festzustellen, wie effektiv die Inhalte sind. Social Shares haben keinen direkten Einfluss auf das Suchmaschinenranking. Viele User schauen sich die Unternehmenswebsite bei Interesse genauer an und Google erhält die Botschaft: Inhalte mit vielen Likes und Shares sind nützlich und relevant. Das verbessert das Ranking womöglich indirekt. Damit das gelingt, sollten Infografiken zu einem aktuellen Thema erstellt werden. Idealerweise bietet die Grafik neue und wertvolle Informationen. Daraufhin wird das Unternehmen als kompetent wahrgenommen. Infografiken sind Teil der Content-Marketing-Strategie. Mit Content-Marketing generieren Unternehmen mehr Leads als mit traditionellen Marketing-Aktivitäten, wobei etwa 62 Prozent der Kosten eingespart werden (Demand Metric, 2017). Da mehr als ein Drittel der Weltbevölkerung Soziale Medien regelmäßig nutzt (eMarketer, 2016), ist dieser Kanal der effizienteste für die Verbreitung von informativen Grafiken. Die Plattform Hubspot bietet weitere hilfreiche Marketing-Statistiken.

7.7 Softwaretools im Überblick

Die Bandbreite der Softwaretools zur Erstellung von Infografiken ist groß. Die Gesellschaft für Arbeitsmethodik e.V. hat sich einige Tools genauer angeschaut. Die Basistools sind ideal für Start-Ups, die aus Kostengründen nicht jede Marketingaktivität an Agenturen outsourcen. Viele Softwaretools sind intuitiv in der Anwendung und für alle geeignet, die neu in die Thematik einsteigen möchten.

Datenvisualisierungen gelingen mit Infogr.am auch ungeübten Usern. Charts und Diagramme sind aus mehr als 30 Templates auswählbar. Eigene Kreationen sind ebenfalls möglich. Design-Elemente wie Icons, Grafiken, Diagramme, Landkarten, Texte und Videos lassen sich unkompliziert platzieren. Eigenes Zahlenmaterial wird über Excel- und CSV-Dateien in die Anwendung importiert. Die kostenlose Basis-Variante ist ideal, um sich einen Überblick über

Infogr.am zu verschaffen. Die fertigen Infografiken lassen sich in der kostenfreien Version jedoch nur online teilen. Wer die Grafiken speichern möchte und in Blogbeiträge, Printmedien oder auf Websites einbinden möchte, sollte auf die kostenpflichtige Version setzen. Kostenpflichtige Accounts erhalten mehr Datenvolumen, zusätzliche Funktionen und eine größere Auswahl an grafischen Elementen.

Piktochart überzeugt mit der unkomplizierten Bedienung. Via Drag-and-drop lassen sich grafische Elemente, Bildausschnitte, Texte und Hintergründe schnell platzieren. Fertige Infografiken lassen sich in verschiedenen Formaten speichern und direkt aus der Anwendung in sozialen Medien teilen. Jeder, der einen kosten-freien Nutzeraccount anlegt, kann eigene Daten importieren und Fotos hochladen. Praktisch ist der erweiterte Funktionsumfang bei der Erstellung von druckfähigen Dokumenten und Präsentationen. Neben dem kostenfreien Basis-Account stehen Abo-Pakete mit unterschiedlichem Funktionsumfang zur Verfügung.

Manchmal ist weniger mehr. Dieses Prinzip lässt sich mit Visme optimal umsetzen. Die Anwendung fügt Text zu Bildern hinzu. Animierte Werbebanner lassen sich mit dem Tool ebenfalls er-stellen. Hilfreiche Video-Tutorials halten wertvolle Tipps für eine gelungene Präsentationserstellung bereit. Viele erfolgrei-che Konzerne wie Daimler, IBM oder Dell setzen auf Visme. In der Basisversion sind Grafikgestaltung, Datenimporte und der Datenexport im JPG- oder PNG-Format möglich. Wer schon ein-mal mit Grafikprogrammen gearbeitet hat, kommt mit Visme auf Anhieb zurecht. Mit einem kostenpflichtigen Account stehen zu-sätzliche Gestaltungsmöglichkeiten zur Verfügung.

Die Anwendung easel.ly hält im kostenfreien Basis-Account viele Templates für die Gestaltung ansprechender Infografiken bereit. Der Vorteil von Templates: Schnell und unkompliziert sind die Daten in der Grafik über Drag-and-drop platziert. Für alle, die eigene Kreationen erstellen möchten, gibt es zusätzliche Gestaltungsmöglichkeiten mit individuellen Hintergründen, Charts, Icons und grafischen Elementen. Die Einbindung in Websites und die Verteilung über Social Media ist direkt aus dem Tool möglich. Datenimporte aus Excel sind leider nicht möglich. Wer mehr Gestaltungsmöglichkeiten nutzen möchte, kann ein günstiges Pro-Abo abschließen.

Canva gehört zu den beliebtesten Tools. Individuelle Ideen sind mit Canva unkompliziert umsetzbar. Canva ist nicht nur ein einfaches Software-Tool, sondern eine umfangreiche Grafikdesign-Plattform. Sämtliche Bildbearbeitungs- und Publishing-Tools werden in einem Paket angeboten. Dank der Benutzerfreundlichkeit ist ansprechendes Grafik-Design auch für Laien umsetzbar. Sämtliche Templates sind social-Media-tauglich. Elemente lassen sich per Drag-and-drop unkompliziert platzieren und ausrichten. Der kostenfreie Basis-Account ist für gemeinnützige Organisationen, Einzelpersonen und kleine Gruppen kostenfrei. Für Unternehmen gibt es einen kostenpflichtigen Account für 27 Euro monatlich mit erweitertem Funktionsumfang.

Mit der Online-Plattform Tableu Public von Windows sind kostenfreie Datenvisualisierungen möglich. User strukturieren mit dem Dienst komplexe Daten. Millionen Anwenderinnen und Anwender weltweit sind Teil der Tableu Public Community. Mehr als drei Millionen Datenvisualierungen sind eine wertvolle Inspiration für eigene Kreationen. Jeder kann sich die veröffentlichten Infografiken auf Tableu Public anschauen. Somit bietet die Plattform einen praktischen Marketingeffekt. Die Software eignet sich für User, die bereits Erfahrung in der Erstellung von Infografiken gesammelt haben. Für die Visualisierung umfangreicher Datenbestände und umfangreicher Analysen eignet sich die kostenpflichtige Anwendung Tableu Desktop.

Wer auf Understatement setzt und dezent gestaltete Infografiken mag, sollte sich Adioma genauer anschauen. Knallige Farben und auffällige Buttons sucht man vergebens. Stattdessen lassen Piktogramme und dezente Farbkombinationen die Botschaft der Infografik in den Vordergrund treten. Hilfreich sind die Youtube-Tutorials und Gestaltungsbeispiele auf der Website. Templates und Icons sind in der Datenbank recherchierbar. Die Infografiken sind in den Formaten PDF, PPT und SVG exportierbar. Nach der kostenfreien Testversion von einer Woche fallen Abogebühren von 39 US-Dollar pro Monat an.

Google Databoard ist ein vielseitiges Online-Tool für intuitive und übersichtliche Infografiken nach dem Baukastenprinzip. Der kostenlose Dienst bietet einen Zugriff auf ein großes Archiv von Forschungsstudien unterschiedlicher Branchen. Ausgewählte Daten werden mit Hilfe des Tools schnell in eine übersichtliche Grafik umgewandelt. Passende Statistiken und Infografiken für Präsentationen sind schnell erstellt. Eigene Daten können nicht importiert werden.

Prägnante und informative Videoclips im Infografik-Stil erstellen Sie mit Biteable ohne großen Zeitaufwand. Der Dienst bietet hochwertige Templates, die individualisiert werden können. Die fertigen Videos lassen sich mit wenigen Klicks in den sozialen Medien teilen oder auf der Unternehmenswebsite einbinden. Mit der kostenfreien Basisvariante lassen sich zehn Video-Projekte anlegen. Der kostenpflichtige Account erlaubt die Erstellung beliebig vieler Videos. Mehr als 7 Millionen Menschen nutzen das Video-Tool bisher.

Wer sich mit Bildbearbeitungsprogrammen auskennt, kann Infografiken direkt mit Adobe Illustrator oder Adobe Indesign erstellen. Bei dieser Variante bleibt der größtmögliche Gestaltungsspielraum. Es besteht die Möglichkeit, vorstrukturierte Daten aus Excel zu importieren. Besonders interessant ist das relativ neue Kreativtool Adobe Spark. Innerhalb von wenigen Minuten erstellen Sie individuelle Grafiken für Social-Media-Posts und Webstorys. Zum Funktionsumfang gehören die Möglichkeit, Videocontent und responsive Websites im Magazin-Style zu kreieren. Das klappt dank des breiten Template-Angebots innerhalb von wenigen Minuten. Mit nur einem Knopfdruck teilen Sie die zuvor erstellten Inhalte. Die Anwendung gibt es auch als App. Für Abonnentinnen und Abonnenten der Adobe Creative Cloud ist die Nutzung von Adobe Spark ohne Aufpreis möglich.

Mit den Software-Tools ist die kreative Umsetzung ansprechender Infografiken problemlos möglich. Dank der intuitiven Struktur ist die Anwendung meist selbsterklärend. Für umfangreiche Projekte und Grafiken mit einem hohen Maß an Individualität ist die Zusammenarbeit mit einer Grafikagentur optimal. Eine tolle Inspiration für einzigartige Infografiken bietet die Website der Grafikerin und Illustratorin Mo Büdinger. In ihrem eigenen Kreativbüro entwickelt Sie ansprechende Infografiken und Illustrationen mit Mehrwert. Auf Pinterest finden Interessierte weiter Inspirationen, wie Infografiken für Social-Media-Kampagnen aufbereitet werden können.

8. SOCIAL-MEDIA-MONITORING – BEGRIFFSKLÄRUNG UND HILFREI- CHE TOOLS

Abbildung 6. Social Media Monitoring

Social-Media-Marketing ist wichtiger Bestandteil des Online-Marketings. Dank der Interaktivität können sich Unternehmen direkt mit der Zielgruppe vernetzen und zeitgleich mit einer großen Personengruppe kommunizieren. Da diese Art des Marketings und der Kommunikation auf zahlreichen Netzwerken und Plattformen stattfindet, ist es gar nicht so einfach, den Erfolg der Aktivität in den sozialen Netzwerken valide messbar zu machen. Spezielle Monitoring-Tools helfen dabei herauszufinden, wie eine Marke oder ein Unternehmen in den sozialen Medien wahrgenommen wird. Das beste Rezept für unternehmerischen Erfolg liegt darin, die Bedürfnisse und Ansprüche der Zielgruppe zu verstehen. Mit Social-Media-Monitoring-Tools gelingt das besonders gut. Auf dem Markt gibt es viele leistungsstarke Online-Tools, die Marketingverantwortliche bei dieser wichtigen Aufgabe unterstützen. Die Gesellschaft für Arbeitsmethodik e. V. hat für die Leserinnen und Leser wertvolles Wissen und hilfreiche Tipps zum Thema zusammengestellt.

8.1 Social Listening: Der Zielgruppe in den sozialen Medien zuhören

Social Listening meint die systematische Beobachtung und Bewertung der Aussagen, die in den sozialen Netzwerken oder im Internet allgemein über ein Unternehmen, eine Marke oder eine Person getroffen werden. Diese Aktivitäten sind nicht nur auf die sozialen Medien wie Facebook, Twitter oder Instagram beschränkt. Produktbewertungen, Blog-Beiträge, Online-News, Kommentare auf diversen Plattformen und Videos oder Bilder sind für Auswertungen im Rahmen des Social-Media-Monitorings relevant. Unternehmen versprechen sich davon, mehr über Zielgruppenbedürfnisse, Kundenmotivation und Markenwahrnehmung zu erfahren. Social-Media-Monitoring kann dem Bereich der Customer Intelligence (CI) zugeordnet werden. Kundendaten aus internen und externen quellen werden möglichst umfassend zusammengetragen und ausgewertet. Die Ergebnisse beeinflussen die zukünftige Unternehmensstrategie mit dem Ziel, das Wachstum voranzutreiben und Kundenwünsche stärker in den Fokus zu stellen.

8.2 Trends und Stimmungslagen frühzeitig erkennen

Die sozialen Medien haben durch die zahlreichen Interaktionsmöglichkeiten und der hohen Reichweite eine besondere Bedeutung für viele Unternehmen. Abstrakt betrachtet kann man sämtliche Social-Media-Plattformen als Sprachrohr für Marken und Unternehmen betrachten. Kundinnen und Kunden nutzen soziale Medien, Blogs und Produktbewertungen, um sich einen Überblick zu verschaffen und eine Kaufentscheidung zu treffen. Sämtliche Konversationen mit und über das Unternehmen und die verbundene Marke liegen in Rohform als unstrukturierte Daten vor. Richtig strukturiert sind die Daten besonders aussagekräftig und helfen bei der zielgerichteten Markenentwicklung. Gut strukturierte Daten liefern genaue Erkenntnisse, was den Kundinnen und Kunden gefällt und wie diese Marken und Unternehmen wahrnehmen. Auf Basis dieser strukturierten Daten verschaffen sich Marktteilnehmer gegenüber Wettbewerbern einen wertvollen Wissensvorsprung. Trends und Stimmungslagen werden frühzeitig erkennbar. Unternehmen sind mit dem Wissen in der Lage, Produkte zielgerichtet zu platzieren, Werbemaßnahmen mit einem geringen Streuverlust umzusetzen und Meinungsführer zu identifizieren und für die eigene Marke zu gewinnen.

8.3 Einsatzbereiche

Social-Media-Monitoring ist wichtige Grundlage für Marktforschung. Ein authentisches Meinungsbild der Zielgruppe zum Unternehmen und zu den Produkten wird auf Basis von Datenauswertungen erstellt. Unternehmen erhalten Antworten auf folgende Fragen:

- Wie nimmt die Zielgruppe das Unternehmen und die Unternehmensmarke wahr?
- Was ist potenziellen Käuferinnen und Käufern wichtig?
- Wie tickt die Zielgruppe?
- Welche aktuellen Themen beschäftigen die Zielgruppe?

Für das Unternehmensimage gilt: Jedes Statement in den sozialen Medien kann große Aufmerksamkeit erhalten. Dieser Aspekt beeinflusst die Imageentwicklung von Unternehmen, Marken und Personen maßgeblich. Deshalb ist es wichtig, die eigene Online-Reputation so genau wie möglich im Blick zu haben. Mit den richtigen Social-Media-Monitoring-Tools lassen sich Stimmungsbilder und Trends frühzeitig erkennen. Negativer PR kann man so rechtzeitig entgegenwirken. Monitoring-Tools helfen dabei, den Ursprung negativer PR ausfindig zu machen und die Beiträge zu erkennen, die einen Shitstorm ausgelöst haben. Nur mit genauem Wissen können Unternehmen adäquat reagieren und wirksam kommunizieren.

Ein fundiertes Social Media Monitoring offenbart die Stärken und Schwächen der Unternehmenskommunikation. Umfangreiche Auswertungen und Analysen bestimmen die künftige Marketing Strategie mit. Wichtige Grundlagen des Social-Media-Monitorings sind eine allgemeine Marktbeobachtung und die Beobachtung und Auswertung der Aktivitäten von Konkurrenzunternehmen. Auch diese Daten fließen in Social-Media-Analysen ein und liefern bei guter Datenlage ein wichtiges Rund-um-Bild.

8.4 Wissen, was über das Unternehmen oder die Marke gesagt wird

Monitoring hilft, Trends, Stimmungslagen und Meinungsführer zu identifizieren. Tools mit Benachrichtigungsfunktion per E-Mail informieren frühzeitig bei Veränderungen der Stimmungslage im Web. Populäre und einflussreiche Influencer haben großes Werbe-Potenzial. Mit den richtigen Tools lassen sich Influencer ausfindig machen. Wenn Unternehmen diese Personen für die eigenen Produkte begeistern können, profitieren sie vom Werbe-Effekt und der Reichweite der Influencer.

Unternehmen, die Monitoring-Tools nutzen möchten, sollten sich vorab klar machen, welche Erkenntnisse sie erhalten möchten und welche Daten gemessen werden sollen. Einige Tools greifen nur auf die Daten einer Plattform zurück, während andere plattformüber-greifende Auswertungen ermöglichen. Ein weiterer wichtiger Aspekt ist der Zeitaufwand für die Betreuung des Tools. Auch Sicherheit und Datenschutzaspekte sollten Einfluss auf die Entscheidung haben. Schließlich ist die korrekte und legale Datenerhebung und -verarbeitung heute wichtiger denn je. Automatisierte Analysen und Beitragsveröffentlichungen vereinfachen den Marketingalltag. Professionelle Tools sind meist kostenpflichtig. Einige kostenfreie Angebote sind interessant, um sich einen groben Überblick über verschiedene Bereiche zu verschaffen. Für detaillierte Analysen und Auswertungen lohnt sich die Investition in einen kostenpflich-tigen Dienst. Kostenpflichtige Self-Service-Tools bieten einen viel-fältigen Funktionsumfang. Full-Service-Anbieter wie Agenturen mit Spezialisierung auf Social-Media-Analyse übernehmen den kom-pletten Arbeitsbereich des Social-Media-Marketings. Gemeinsam mit ihrer Kundschaft entwickeln sie umfangreiche Strategien und liefern Reportings mit relevanten Kennzahlen.

8.5 Kostenfreie Tools

Kostenfreie Tools sind nicht mit professionellen Tools vergleichbar, bieten aber dennoch einen hilfreichen Funktionsumfang. Google Alerts ist ein nützlicher Dienst, um sich einen groben Überblick zu verschaffen. Allgemeine Newsmeldungen aus dem Web zu festgelegten Suchwörtern werden täglich automatisch per E-Mail versendet. Ein umfangreicheres Hilfsmittel ist die Suchmaschine Social Mention. Sie ermöglicht die punktgenaue Recherche nach Keywords wie Hashtags, Unternehmensnamen oder Marken. Das Web und mehr als 80 Social Media Plattformen werden nach nutzergeneriertem Content durchsucht. Die Auswertung erfolgt anhand von vier Kennzahlen. Die Kennzahl „Strength" gibt an, wie intensiv in den sozialen Medien über das Suchwort diskutiert wird. Die Erwähnungen innerhalb der letzten 24 Stunden werden durch die Gesamtanzahl der Erwähnungen geteilt. „Reach" beschreibt die Reichweite. Die Gesamtanzahl der unterschiedlichen Autoren, die auf das Suchwort verweisen, wird durch die Gesamtzahl der Erwähnungen geteilt. Der Wert „Passion" beschreibt, wie leidenschaftlich und intensiv Einzelpersonen über das Thema diskutieren. Der Wert ist hoch, wenn derselbe Personenkreis das Keyword immer wieder aufgreift. Die Kennzahl „Sentiment" gibt das Verhältnis positiver Äußerungen gegenüber negativen Erwähnungen an. Eine API-Schnittstelle ist verfügbar. Für nichtkommerzielle Nutzung ist diese kostenfrei, für Unternehmen hingegen kostenpflichtig. Social Mention bietet außerdem Trenddaten und einen täglichen Social Media Alert zum Thema per E-Mail. Tweetdeck ist eine kostenfreie Anwendung speziell für Twitter. Die Dashboard-Anwendung ermöglicht die Recherche nach Suchbegriffen und Erwähnungen. Reaktionen auf eigene Beiträge behalten Sie mit Tweetdeck im Blick. Interaktionsmöglichkeiten mit der Community sind direkt in der Anwendung möglich. Leider gibt es keine detaillierten Auswertungsmöglichkeiten, diese sind nur bei kostenpflichtigen Tools verfügbar. Wer die Beiträge in Foren im Blick haben möchte, kann auf Bordreader zurückgreifen. Die Filter- und Sucheinstellungen des kostenfreien Tools können durchaus mit kostenpflichtigen mithalten. Social Searcher ist eine Suchmaschine, die Erwähnungen des Suchworts in sozialen Medien recherchierbar macht. Pro Tag sind bis zu 100 kostenfreie Suchanfragen möglich.

8.6 Kostenpflichtige Tools

Kostenpflichtige Self-Service-Tools sind im Marketingalltag unverzichtbar. Durch umfangreiche Analysemöglichkeiten können wertvolle Daten gewonnen werden. Kostenfreie Tools können diesen Funktionsumfang nicht abdecken.

8.7 BuzzSumo

BuzzSumo analysiert regelmäßig Milliarden Inhalte im Web und liefert umfangreiche Big-Data-Analysen. Das Tool ist eine wertvolle Unterstützung bei der Identifikation von zielgruppengerechtem Content und hilfreich bei der Identifikation beliebter Inhalte. Facebook-Pages können analysiert und überwacht werden. User erhalten Kennzahlen zu jedem einzelnen Beitrag und

Empfehlungen, welche Beiträge und Themen am besten funktionieren. Meinungsführer können mit BuzzSumo ausfindig gemacht werden. Alerts und Analysemöglichkeiten sind vorhanden. Das Tool ist ideal für den Einstieg. Der Fokus liegt auf der Analyse der Beiträge auf Plattformen wie Twitter, Facebook, Pinterest und Reddit. Beiträge auf kleineren und weniger populären Plattformen könnten mit BuzzSumo übersehen werden. Das leicht bedienbare Tool ist ideal für den Einstieg und hilft, neue SEO-Ansätze umzusetzen und relevante Themen für das Content-Marketing zu identifizieren.

8.8 Hootsuite

Hootsuite bietet einen größeren Funktionsumfang als BuzzSumo. Es kann mit sämtlichen Social-Media-Accounts verknüpft werden. Das Hootsuite-Planungs-Werkzeug bietet eine zentrale Umgebung zum Planen und Veröffentlichen von Social-Media-Beiträgen. Die Funktion Social-Media-Monitoring filtert Beitragsstränge nach Stichwörtern, Standorten und Hashtags und liefert einen Überblick über Gespräche der Zielgruppe zu unternehmensrelevanten Themen. Das Analyse-Tool liefert Performance-Berichte zu Kampagnen und Social-Media-Aktivitäten in Echtzeit. Eine Differenzierung zwischen bezahlten Social-Media-Kampagnen und eigenen Beiträgen ist möglich. Die Stimmung in den sozialen Medien ist nach vielen Parametern trackbar. Berichte können exportiert werden. Die Funktion Social-Management erlaubt die Verwaltung mehrerer Social-Media-Accounts über eine Oberfläche. So nutzen Sie eine Plattform für nahezu alle Kanäle. Das leistungsstarke Social-Media-Management-Tool ist intuitiv in der Bedienung.

Die Preise variieren je nach Funktionsumfang. Ein Start mit einer kostenfreien Test- bzw. Basisversion ist möglich. Mit einem Upgrade auf die kostenpflichtige Version kann der gesamte Funktionsumfang genutzt werden. Die Kostenhöhe hängt von Anzahl der User und der Anzahl der zu analysierenden sozialen Profile ab.

8.9 Hubspot

Während Hootsuite ein Tool zum Social-Media-Monitoring ist, kann Hubspot nahezu alle Bereiche des Online-Marketings abdecken. Neben dem Social-Media-Management-Feature bietet die All-in-One-Plattform hilfreiche Werkzeuge für das gesamte Online-Marketing. Die gesamte Content-Strategie lässt sich digital abbilden. Neue SEO-Ansätze sind mit Hubspot problemlos umsetzbar. Ein umfangreiches CRM sammelt und strukturiert sämtliche Daten und Auswertungen. Auch das E-Mail-Marketing ist mit Hubspot umsetzbar. E-Mail-Newsletter können erstellt und vor dem Versand getestet werden. Auswertungen zur Klickrate mit Tipps zur Optimierung hält Hubspot für User bereit. Hubspot unterstützt bei der Traffic-Generierung, Lead-Gewinnung und Auswertungen mittels Kennzahlen. Die Hubspot-Plattformen für Marketing, Vertrieb oder Kundenservice sind einzeln erhältlich. Optimal ist aber ein Einsatz aller Plattformen im Unternehmen. So kann die Leistungsfähigkeit durch Schnittstellen zwischen den Bereichen Marketing, Vertrieb und Kundenservice optimiert werden.

8.10 Sprout Social

Sprout Social bietet die Möglichkeit, die eigene Social-Media-Strategie umfassend zu tracken. Optimierungspotenzial wird aufgezeigt. Sprout bedeutet übersetzt so viel wie wachsen. Das Tool möchte das Wachstum der eigenen Social –Media-Community unterstützen. Der Funktionsumfang ist ähnlich wie bei Hootsuite. Die Bereiche Analytics und Engagement bieten hilfreiche Tools zur Auswertung von Daten in den sozialen Medien. Vergleiche mit Konkurrenzunternehmen sind möglich. Mit dem Werkzeug Publishing lassen sich Beiträge und Kampagnen plattformübergreifend planen und veröffentlichen. Der Bereich Listening bietet Auswertungen zu allgemeinen und unternehmensspezifischen Trends. Auf Basis dieser Trendmetriken können dann die eigenen Beiträge konzipiert werden. Social-CRM-Funktionen sind ideal, um die Zielgruppe besser kennenzulernen. Die Überwachung von Schlüsselwörtern und einzelner Profile ist möglich. Sprout Social ist äußerst benutzerfreundlich, jedoch etwas preisintensiver als Hootsuite. Vor dem Abschluss eines Abos können Interessenten die kostenfreie Testversion nutzen.

8.11 MeetEdgar

MeetEdgar unterscheidet sich von herkömmlichen Social-Media-Monitoring-Tools. Vorbereitete Beiträge können mit Hilfe des browserbasierten Tools immer wieder gepostet werden. Dazu werden die Beiträge in einer Bibliothek kategorisiert und gespeichert. Für die Beitragsplanung wird eine Reihenfolge aus den archivierten Blogbeiträgen oder Social-Media-Posts erstellt, die automatisiert veröffentlicht werden. Diese Endlosschleife beginnt immer wieder von Neuem. So kann ein höherer Traffic auf Facebook, LinkedIn und Twitter erzielt werden. Durch das wiederholte Posting wird die Beitragssichtbarkeit zielgerichtet erhöht. Das Planungstool nimmt viel Aufwand ab, es ist aber relativ preisintensiv. Recurpost ist eine etwas preiswertere Alternative zu MeetEdgar.

8.12 Tweetreach

Tweetreach bietet detaillierte Auswertungsmöglichkeiten zur Beitragsreichweite auf Twitter. Echtzeit-Auswertungen sind möglich. User können nachvollziehen, wie viele Accounts mit den jeweiligen Keywords und Hashtags erreicht werden. Es ist auch trackbar, welche User das Suchwort in eigenen Beiträgen erwähnen. Unternehmen erfahren so, welche Personen mit welchen Tweets und Themen erreicht werden können.

8.13 Softwarelösungen für aktives Bewertungsmanagement

Kundinnen und Kunden können auf unterschiedlichen Plattformen Produkte und Dienstleistungen von Unternehmen bewerten. Online-Bewertungen bieten Orientierung vor der Kaufentscheidung und erscheinen meist glaubwürdiger und authentischer als Werbung. Ein aktives Bewertungsmanagement ist deshalb für viele Unternehmen wichtig. Neben der absatzsteigernden Wirkung enthalten die Bewertungen wertvolles Feedback für die Verbesserung der eigenen Produkte und Dienstleistungen. Software-Tools sind eine hilfreiche Unterstützung im Bewertungsmanagement. Unternehmen, die an mehreren Standorten tätig sind oder in mehreren Branchen arbeiten, werden entlastet und profitieren von einer zentralen Datenbündelung. Die Software Reputology recherchiert täglich nach neuen Bewertungen und informiert das Team per E-Mail über neues Feedback. Das Tool überwacht knapp 100 Bewertungsseiten inklusive Bewertungen in den sozialen Medien. Schnelle Reaktionen mit Antwortvorlagen sind möglich. Im Rahmen der Auswertungsmöglichkeiten wandelt Reputology die unstrukturierten Daten der Bewertungstexte in messbare Kennzahlen um. Praktisch ist die Integrationsmöglichkeit in die Monitoring-Software Hootsuite. Die Software-as-a-Service-Anwendungen BirdEye, Grade.us, ReviewTrackers und Podium bieten einen ähnlichen Funktionsumfang wie Reputology. In Hinblick auf Preis und Funktionsumfang weichen die verfügbaren Tools nur geringfügig voneinander ab.

8.14 Große Produktvielfalt

Der Markt der Monitoring-Tools ist groß. Jedes Tool hat besondere Funktionalitäten. Kostenfreie Produkte bieten einen groben Überblick. Für detaillierte Auswertungen sind kostenpflichtige Tools notwendig. Diese unterscheiden sich hinsichtlich Funktionalitätsumfang, Fokus und Preisintensität. Überlegen Sie vorab genau, welche Auswertungen Sie benötigen. Fast alle Anbieter ermöglichen die Nutzung einer kostenfreien Testversion. Sind Sie vom Funktionsumfang und den Auswertungsmöglichkeiten der Testversion überzeugt, lohnt sich ein Kauf oder Abonnement. Unternehmen, die Social-Media-Marketing inklusive Monitoring outsourcen möchten, sollten mit Social-Media-Agenturen zusammenarbeiten. Diese entwickeln gemeinsam mit Ihnen eine passende Strategie und stellen umfangreiche Reportings zur Verfügung.

9. AUDIOMARKETING UND VOICE SEARCH

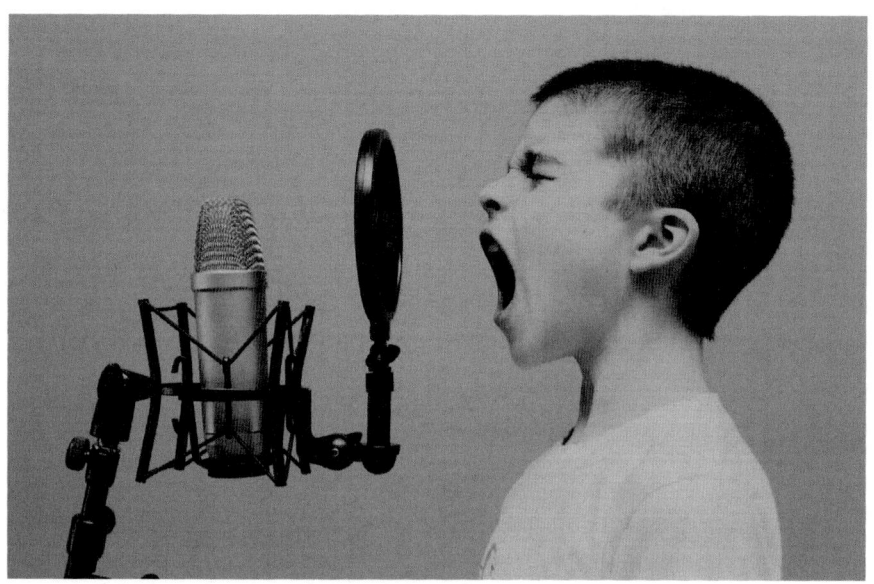

Abbildung 7: Voice Search

Das Internet in seiner heutigen Form ist für viele Menschen vor allem eine Reizüberflutung. Überall grelle Farben und Anzeigen, die die eigene Aufmerksamkeit auf sich ziehen wollen. Seiten um Seiten an Text, die auf der Suche nach gezielten Informationen durchforstet werden wollen. Da wird es immer schwieriger, Inhalte an die Besucher zu vermitteln und einen Eindruck zu hinterlassen.

Gleichzeitig erlebt das Online Marketing eine weitere Veränderung darin, wie die User das Internet bedienen. Während sich der Mobile-Trend bei Webseiten gerade erst so richtig durchgesetzt hat, drängt mit der Voice-Technologie schon eine neue Möglichkeit auf den Markt, mit der Webseiten gefunden werden können. Was heißt das alles für Webmaster? Welche Maßnahmen sind jetzt erforderlich? Und was hat es mit diesen neuen Trends wirklich auf sich?

9.1 Mit der Stimme zum Google-Ergebnis: Voice Search

Es ist noch gar nicht so lange Standard, dass Smartphones und Tablets den Alltag der Menschen begleiten. Etwa vor zehn Jahren erschienen die ersten Modelle, die interessant für eine breiter Kundschaft waren und seit 2015 lässt sich beständig feststellen, dass der Traffic über die mobilen Endgeräte im Web einen erheblichen Anteil eingenommen hat. Betreiber von Seiten und Portalen im Internet haben sich mit eigenen Designs und sogenannten Responsive-Seiten darauf eingestellt. Nun könnten es diese und andere mobile Geräte sein, die wieder zu einer Umstellung führen könnten.

Die Rede ist hierbei von den Sprachassistenten, die sich sowohl in den meisten modernen Smartphones als auch als eigene Geräte von unterschiedlichen Herstellern finden. Auf dem Smartphone sind sie natürlich schon eine Weile bekannt - Siri, die Sprachassistentin auf iPhones und Ipads, ebenso wie der Google Sprachassistent. Sie werden immer häufiger dann genutzt, wenn entweder bestimmte Aktionen auf dem Gerät durchgeführt werden sollen oder wenn, und hier wird es wichtig, eine Suche bei Google gestartet werden soll.

Neben diesen mobilen Assistenten, die sich in der Regel in der eigenen Tasche befinden, gibt es aber noch eine neue Entwicklung: die

Sprachassistenten für das eigene Heim. Mit Amazons Alexa - der Stimme des Amazon Echo Moduls - gesellt sich ein weiterer populärer Vertreter dazu. Aber was hat das alles für eine Auswirkung? Schon jetzt, in einer Phase, in der die Technologie noch neu ist, lassen sich einige Dinge bemerken:

Suchanfragen werden häufiger als Spracheingabe formuliert, was sich in der Regel stark von einer manuellen Eingabe per Tastatur unterscheidet

Es wird verstärkt auf eine Beantwortung der W-Fragen in Texten geachtet, da Google die Ergebnisse in Hinblick darauf optimiert

Die sogenannten Rich Snippets, also kurz Auszüge zur Beantwortung von Fragen, gewinnen an Bedeutung

Es ist hier also vor allem das Anwenderverhalten, das ganz neue Impulse gibt. Dadurch, dass Suchanfragen deutlich häufiger in einer Umgangssprache und nicht mehr auf der Basis von Keywords beantwortet werden müssen, bringt es das normale SEO-System durcheinander. Für die Voice Search ist es also wichtig, dass Betreiber von Webseiten ihren Content entsprechend modulieren. Die Beantwortung der sogenannten W-Fragen sollte zu einem absoluten Standard werden auch der Einsatz von Longtail-Keywords wird in den nächsten Jahren weiter an Bedeutung gewinnen.

Die Sprachsuche ist mit Sicherheit nicht die letzte aber die momentan am stärksten wachsende Innovation auf dem Markt für Suchmaschinen. Selbst wenn sich die Assistenten für das Wohnzimmer nicht durchsetzen, wird die Spracheingabe auf dem Smartphone schon jetzt häufig genutzt.

9.2 Inwiefern spielt Audiomarketing eine Rolle in der heutigen Zeit?

Wo schon das Thema Sprache in der Suchmaschinenoptimierung und in der Nutzung von Google wieder an Popularität gewinnt, lohnt sich auch ein Blick auf die sonstigen Trends, die damit verbunden sind. Rund um die Entwicklung von Multimedia, den Erfolg von YouTube und der Streamingdienste, haben sich nämlich auch Audio-Inhalte wieder zu einem begehrten Medien entwickelt.

Das wohl beste Beispiel dafür, dass solche Dienste heute wieder gefragt sind, bietet die internationale Landschaft an Podcasts. An sich gab es schon vor einigen Jahren eine entsprechende Trendwelle, gerade mit Spotify haben sich die Diskussions- und Themenrunden aber wieder zu einem Höhepunkt für viele Menschen entwickelt. Seien es nun politische Inhalte, Unterhaltung oder die Nachrichten - auf der Arbeit, Zuhause und unterwegs werden die entsprechenden Podcasts konsumiert und feiern eine stark wachsende Reichweite bei verschiedensten Zielgruppen.

Aber auch sonst gewinnt wieder ein Medium an Fahrt, bei dem man dachte, dass es mit dem Radio aussterben würde. Während man Voice Search ohne Frage als ein Teil des Audiomarketings sehen muss, geht es bei der Frage nach der Anwendung auch immer stärker darum, wie man selbst ein aktiver Teil werden kann. Die Nutzer sind empfindsamer und empfänglicher für Inhalte aus diesem Medium - das bedeutet auch, dass die Überreizung noch nicht eingesetzt hat, wie es heute bei klassischen Inhalten auf Textbasis zu bemerken ist.

Sei es nun der Einsatz von gesprochenen E-Books, von vertonten Webseiten oder der Aufbau eines eigenen Podcasts: Hier entwickelt sich eine neue Form von Marketing, die man unbedingt nutzen sollte, wenn man die Hörer in der heutigen Zeit auf allen möglichen Kanälen erreichen will.

9.3 Wie wichtig sind Audiomarketing, Voice Search und Co wirklich?

Natürlich sind das nur Momentaufnahmen. Der Trend rund um die Podcasts könnte ebenso schnell vorbei sein wie die momentane Entwicklung im Bereich Voice Search. Wahrscheinlich ist das aber nicht. Viele Benutzer im Internet verändern ihr generelles Suchverhalten und interagieren anders mit der Suchmaschine und den Webseiten, auf denen sie Informationen finden wollen. Dass auch Google nicht an eine vorübergehende Entwicklung glaubt, zeigt sich darin, wie stark sie Voice Search in das eigene Konzepte integrieren.

Es lohnt sich also, wenn man bei der generellen Überarbeitung der eigenen Inhalte diese neuen Impuls berücksichtigt. Langfristig können sie die Grundlage für einen wichtigen Meilenstein im eigenen Marketing werden und mehr und mehr Besucher auf die eigene Seite bringen.

10. SMART BIDDING IM ONLINE MARKETING - VOR- UND NACHTEILE

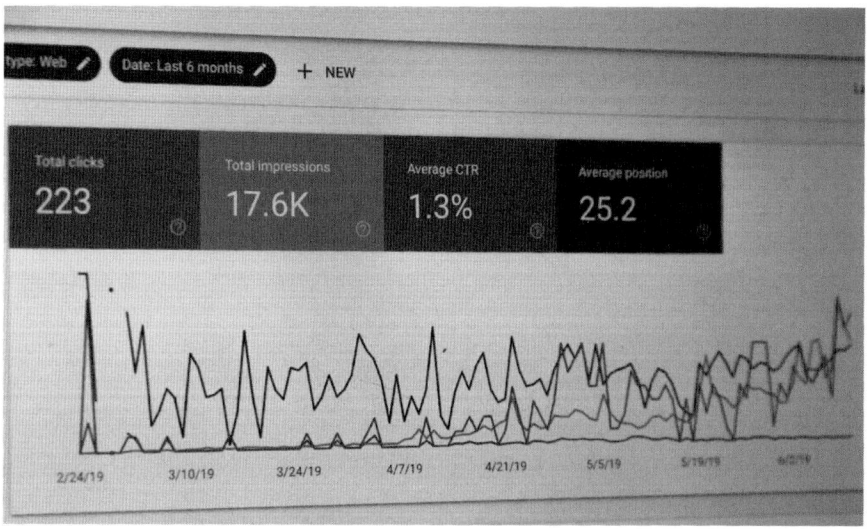

Abbildung 8: Smart Bidding

10.1 Was bedeutet Smart Bidding?

Smart Bidding beschreibt eine automatische Gebotsstrategie in der Aussteuerung von Google Ads, bei welcher die Technologie Machine Learning (maschinelles Lernen) zum Einsatz kommt. Bereits 2016 sprach der Google CEO Sundar Pichai davon, dass Machine Learning eine entscheidende und transformative Methode ist, um alle gesetzten Arbeitsabläufe zu überdenken.

Grundsätzlich erfolgt SEA (Search Engine Advertising / Suchmaschinen-Werbung) nachfolgendem Prinzip: Sobald ein Suchmaschinen-Nutzer einen Suchbegriff (Keyword) eingibt, beginnt eine Auktion zwischen den einzelnen Werbetreibenden bzgl. dieses Suchbegriffs. Dieser Vorgang wird nicht von Menschenhand, sondern vom Google-Algorithmus übernommen. Der Höchstbietende kann sich für das jeweilige Keyword die beste Position sichern und erscheint somit auf dem ersten Platz der angezeigten Suchergebnisse. Die anderen Positionen werden entsprechend der jeweiligen Gebotshöhe analog vergeben. Um eine möglichst gute Positionierung innerhalb des Wettbewerbs und unter Berücksichtigung des verfügbaren Budgets zu erhalten, ist also tiefgehendes Fachwissen im Umgang mit dem Algorithmus nötig.

Der Nutzen von Smart Bidding besteht darin, den Marketer bei seiner individuellen Werbestrategie und Kampagnenplanung zu unterstützen, indem die sehr große Anzahl unterschiedlicher Nutzersignale (z.B. Alter, Geschlecht, Standort oder geschätztes Einkommen) bei der Suchmaschinenverwendung, automatisch verwertet wird. Hierdurch entstehen umfangreiche Datensätze, welche SEA-Experten früher selbst analysieren und auswerten mussten. Diese zeitaufwendige Arbeit wird einem nun durch Googles künstliche Intelligenz abgenommen, die beispielsweise CPC (Cost per Click)- Optimierungen vornehmen kann und auch die Möglichkeit bietet, andere Online Marketing-Kennzahlen wie CPA (Cost-per-Acquisition) oder ROAS (Return on Advertising Spend) zu verbessern. Und die daraus resultierende Umsatzsteigerung oder Sichtbarkeitserhöhung ist schließlich das Ziel eines jeden Werbetreibenden. Smart Bidding kann in Anbetracht der allgemein steigenden Preise für Online-Werbung und der immer stärker wachsenden Konkurrenz also eine interessante Technologie sein, auf die sich ein genauerer Blick lohnt.

10.2 Welche unterschiedlichen von Smart Bidding-Strategien gibt es?

Natürlich hat nicht jede SEA-Kampagne das gleiche Ziel. Deshalb stellt Google folgende Einstellungsmöglichkeiten zur Verfügung.

- „Ziel-CPA": Bei dieser Strategie werden die Gebote so abgegeben, dass mit einem vorher festgelegten Budget möglichst viele Conversions erzielt werden. Bei Conversions handelt es sich um die Umwandlung eines rein interessierten Websitebesuchers in eine Person, die eine bestimmte Handlung bzw. Aktion auf der Website vornimmt. Praktische Beispiele hierfür sind die Anmeldung für einen Newsletter oder der Kauf eines angebotenen Produkts.

- „Ziel-ROAS": Hier bestehen im Wesentlichen Parallelen zu „Ziel-CPA", allerdings wird bei dieser Strategie auch der Wert eines Leads (Interessenten) berücksichtigt. Die Option „Ziel-ROAS" ist als Standardstrategie entweder für einzelne oder mehrere Kampagnen verfügbar. Wenn man z. B. für jeden Euro, den man in Werbeanzeigen investiert, 5 € Umsatz erreichen will, müsste man den „Ziel-ROAS" bei den entsprechenden Google Ads auf 500 % einstellen. Außerdem besteht die Möglichkeit Anzeigengruppen, Kampagnen und Keywords auf ein einzelnes Ziel hin zu optimieren.

- „Klicks maximieren": Wie die Bezeichnung bereits vermuten lässt, geht es bei dieser Option um die Generierung von möglichst vielen Klicks, unter Berücksichtigung des vorhandenen Budgets. Gleichzeitig ist diese Einstellmöglichkeit noch unter dem früheren Namen „Automatische Gebotseinstellung" bekannt. Durch das frei wählbare Gebotslimit definiert man die Summe, die man pro Klick zu zahlen bereit ist. Mit der benutzerdefinierten Anzeigenplanung erhält man die Option, Anzeigen zu bestimmten Uhrzeiten und zu bestimmten Tagen zu schalten. Es können einzelne oder mehrere Kampagnen mit dieser Strategie ausgesteuert werden. - „Conversions maximieren": Diese Strategie sorgt dafür, dass mit dem festgelegten Budget möglichst viele Conversions erzielt werden. Google ermöglicht das durch die automatische Ermittlung des optimalen Gebotspreises. Dieser wird durch Daten zum Verlauf der jeweiligen Kampagnen und Kontextsignale zum Auktionszeitpunkt analysiert.

Vor Verwendung dieser Gebotsstrategie ist allerdings zu beachten, die individuellen ROI-Zielvorhaben noch einmal genau zu überprüfen. Sofern man für eine Kampagne bereits einen Ziel-CPA oder Ziel-ROAS festgelegt hat, ist es sinnvoller auch die Optionen Ziel-CPA bzw. Ziel-ROAS zu verwenden. Hierbei wird ebenfalls eine automatische Gebotshöhe ermittelt, welche sich im Gegensatz zu „Conversions maximieren" aber am festgelegten durchschnittlichen CPA- oder ROAS-Ziel orientiert und somit nicht das gesamte Budget ausschöpft. Das Ziel möglichst viele Conversions zu erreichen, geht stets mit der maximalen Ausschöpfung des verfügbaren Budgets einher.

- „Conversion-Wert maximieren": Diese Gebotsstrategie unterscheidet sich zur artverwandten Version „Conversions maximieren", durch die Zielsetzung, einen möglichst hohen Wert mittels jeder einzelnen Conversion zu generieren. Die Strategie „Conversions maximieren" hingegen, orientiert sich an der reinen Erhöhung der Anzahl von Conversions, unabhängig deren Wertes. Zur genauen Kampagnenplanung kann ein bereits definiertes ROI-Zielvorhaben weiterverwendet werden. Bei der Verwendung der Option „Conversion-Wert" ist ebenfalls zu beachten, dass das Tagesbudget maximal ausgenutzt wird, um die Zielvorgaben zu erfüllen.

- „Angestrebter Anteil an möglichen Impressionen": Wenn man sich im Rahmen der Kampagnenplanung vordergründig darauf konzentriert, auf welcher Position die Anzeige in der Google-Suche erscheinen soll, ist diese Gebotsstrategie sinnvoll. So besteht die Möglichkeit individuell auszuwählen, ob man die Anzeigenplatzierung z.B. an oberster Position, auf der Seite oder mitten zwischen den Suchergebnissen haben möchte. Für die unterschiedlichen Positionen können auch genaue Prozentwerte vergeben werden, die sich nach dem gewünschten Anteil der möglichen Impressionen orientieren. Hiermit findet sich eine Instrument, womit besonders die Erhöhung der Sichtbarkeit einer Anzeige, präzise gesteuert werden kann.

10.3 Best Practises zum Start mit Smart Bidding-Strategien

Grundlegend bestehen gewisse Voraussetzungen für die Nutzung von Smart Bidding. So ist es notwendig eine Integration von JavaScript Code-Snippets auf der eigenen Website durchzuführen, sodass ein entsprechendes Conversion-Tracking erfolgen kann. Außerdem müssen für die Nutzung gewisser Gebotsstrategien, wie z.B. „Ziel-ROAS", gewisse Benchmarks erreicht werden. Hier ist es notwendig, dass bei Such- und Displaykampagnen mindestens 15 Conversions in einem Zeitraum von 30 Tagen erfolgt sind. Zudem müssen Marketer die rechtlichen Erfordernisse für Werbeaktivitäten im jeweiligen Zielland erfüllen und natürlich die Google Ads-Werberichtlinien einhalten. Wenn man diese Punkte im Vorfeld beachtet, können mit den folgenden Tipps gute Ergebnisse bei Werbekampagnen mit Smart Bidding erreicht werden.

- Geduld mit der Google KI und Kampagnenanalyse haben: Zu Beginn benötigt die Google KI naturgemäß eine gewisse Zeit zur Sammlung der relevanten Daten. Der Algorithmus benötigt für diesen Prozess in der Regel ein bis zwei Wochen, um eine Grundlage für die erfolgreiche Umsetzung der automatischen Gebotsstrategien zu erlangen. Bei der anschließenden Analyse der ersten Werbekampagne sollte man ebenfalls ein wenig Geduld walten lassen. Es empfiehlt sich, je nach Länge der individuellen Customer Journey, zuerst einige Tage nach Kampagnenstart mit der Analyse zu beginnen. So lassen sich aussagekräftigere Daten zu den Conversions erkennen.

- „Conversion maximieren" als Anfangsstrategie verwenden: Conversions sind die essentielle Datengrundlage für die Funktionsweise von Smart Bidding. Wenn diese Datengrundlage einmal vorhanden ist, lässt sich die Kampagnenplanung leichter verfeinern und an verschiedene Zielvorgaben anpassen. Zudem ist es einfacher den gewünschten Ziel-CPA oder Ziel-ROAS zu erreichen, wenn die Google-KI vorher Schritt für Schritt die automatische und zielführende Steuerung des Budgets, auf Basis der vergangenen Conversion, gelernt hat.

- Kampagnenziele zu Beginn nicht zu hoch ansetzen: Wer einen bestimmten Ziel-CPA oder Ziel-ROAS im Sinn hat, sollte bei der Einstellung der entsprechenden Gebotsstrategien gerade am Anfang mit den bisherigen Werten arbeiten. Sofern sich der Erfolg einer Kampagne einstellt und eine kalkulierbare Grundlage erhält, kann der Ziel-CPA oder Ziel-ROAS stufenweise auf das nächste Level angehoben werden. Hier ist es sinnvoll verschiedene Anpassungen zu testen und nicht mit zu großen Sprüngen bei den Zielvorgaben zu arbeiten.

- Das Potential von Zielgruppen-Listen nutzen: Mit Smart Bidding kann man in der Analyse seine wichtigsten Kunden erkennen. So können effektive Targeting-Maßnahmen eingesetzt werden, indem man z.b. Kunden präzise anwirbt, welche den eigenen umsatzstärksten Kunden am ähnlichsten sind. Diese Maßnahmen sind meistens sehr erfolgreich und lassen die Conversions signifikant ansteigen.

- Mit Attributionsmodellen arbeiten: Diese Funktion ermöglicht die Bestimmung des Wertes, der einem Klick bei einer Conversion zugerechnet wird. Es gibt unterschiedliche Attributionsmodelle wie z. B. die datengetriebenen Attribution, bei der der Google-Algorithmus jedem einzelnen Schritt einer Customer Journey automatisch einen genauen Wert zuweist.

10.4 Vor- und Nachteile von Smart Bidding:

Vorteile:

- Neulinge im Umgang mit Google Ads profitieren von der Analysefähigkeit der Google KI, die ihre Nutzer besser kennt, als es ein menschlicher Akteur erreichen könnte. Der selbstlernende Algorithmus wird durch jeden weiteren Datensatz immer intelligenter und unterstützt so das Erreichen der vorgegebenen Ziele.
- Durch Smart Bidding ist eine flexible Leistungssteuerung möglich, die sich auf die jeweiligen Geschäftsziele anpassen lässt. Durch die unterschiedlichen Gebotsstrategien und Attributionsmodelle lassen sich die persönlichen Zielvorgaben wie z. B. Erhöhung der Conversions oder Steigerung der Sichtbarkeit individuell ansteuern.
- Die Google KI stellt einem transparente Reportings zu Seite, mit denen man auf umfassende Leistungsberichte von Google zugreifen kann. Diese enthalten sehr detaillierte Informationen zu den durchgeführten Kampagnen und können z. B. für Gebotssimulatoren benutzt werden, die verschiedene Szenarien bzgl. einer Änderung des Budgets oder der Zielvorgaben darstellen.

Nachteile:

- Gerade für erfahrene Marketer mag es eine Umstellung sein, den Großteil der Verantwortung und Kontrolle bzgl. einer Kampagne an die Google-KI abzugeben. Insgesamt bedeutet der Einsatz einer automatisch gesteuerten

Gebotsstrategie natürlich einen gewissen Verlust der manuellen Kontrolle. Deshalb ist es wichtig, sich bei der vorläufigen Kampagnenplanung über die Zielvorgaben bewusst zu sein und diese immer realistisch anzusetzen. Außerdem sollte man sich genau mit den unterschiedlichen Strategien befassen, um zu verstehen, welche Option am besten zur Art der Werbemaßnahme, des Gesamtkonzepts und der individuellen Ziele passt.

11. VOR- UND NACHTEILE VON CHATBOTS FÜR DAS ONLINE-MARKETING

Abbildung 9: Chatbot

Ein Chatbot personalisiert und individualisiert die Kommunikation mit Kunden und Endverbrauchern. Das System, welches auf die Bedürfnisse des Unternehmens und der Situation angepasst ist, wird von speziell ausgebildeten Programmierern erstellt. Bei einem Chatbot handelt es sich um ein Kommunikationsmedium, dass textbasiert in natürlicher Sprache über Ein- und Ausgabemasken mit der Person am anderen Ende kommuniziert. Ähnlich wie ein realer Mitarbeiter übernimmt der Chat Bot in immer mehr Unternehmen die klassischen Aufgaben der Kundenbetreuung. Auch im Online-Marketing können die automatisierten Protokolle selbständig Aufgaben übernehmen.

11.1 Kunden zufrieden stellen bedeutet häufig Kaufabschluss

Betreiber von Online-Shops haben häufig damit zu tun, dass zwar ausreichend Besucher auf die Webseite gelangen, jedoch während ihres Besuches irgendetwas passiert, was sie dazu veranlasst, die Webseite schnell wieder zu verlassen oder ihren begonnenen Kaufprozess nicht abzuschließen. Das ist insofern besonders ärgerlich, da nicht nur der Umsatz beim Shop-Betreiber fehlt, sondern auch Kosten im Vorfeld aufgelaufen sind. Denn der Besuch kam unter Umständen nicht über organischen Traffic zustande. Hat der User auf eine bezahlte Keyword-Werbung in den Suchmaschinen, wie beispielsweise Google Ads, geklickt, dann hat der Unternehmer hier zusätzliche Ausgaben.

Es gibt zahlreiche Studien zur Ursachenforschung für den Abbruch während des Kaufprozesses und es zeichnen sich 5 grundlegende Probleme dabei ab:

1. Die Lieferkosten sind unerwartet hoch
2. Das Produkt ist nicht ausreichend beschrieben, wichtige Informationen fehlen
3. Sicherheitsbedenken
4. Komplizierte Navigation, gewünschtes Ziel wird nicht gefunden
5. Der Registrierungsprozess ist zu kompliziert

An jeder dieser Problemstellen kann der Chatbot effizient eingreifen und Lösungen anbieten. Ähnlich eines kleinen Nachrichtenfensters begleitet der Chatbot auf Wunsch den potenziellen Kunden während seines Besuchs auf der Webseite. Er kann per einfachem Klick aktiviert werden und erweckt den Anschein eines realen Konversationspartners. Übrigens sind heute nicht nur textbasierte Chatbots zu finden. Durch die zunehmende Aktivität von Nutzern über die Sprachsteuerung, wie beispielsweise Siri bei Apple über mobile Endgeräte, kann der Chatbot auch Anfragen erkennen, wenn sie gesprochen werden.

11.2 Chatbots und KI ergänzen sich perfekt

Künstliche Intelligenz ist die Basis für erfolgreiche Chatbots. Denn ohne diese wären Verbraucher immer noch im Zeitalter von "Bitte drücken Sie die 2 für Kundendienst" oder "Ich habe sie nicht verstanden". Die Digitalisierung hat viele innovative Technologien hervorgebracht und derzeit profitieren Online-Marketer und Unternehmen von den Fortschritten. Die künstliche Intelligenz ermöglicht dem Chatbot eigene Entscheidungen zu treffen. Das System erhält mittels Machine Learning, dem maschinellen Lernen, die Fähigkeit und das Wissen, Informationen aufzunehmen und auch Interaktionen daraus abzuleiten. Was wie eine Zauberformel klingt, ist aber technisch gesehen nichts anderes als eine durchdachte Programmierung und das "Training" der künstlichen Intelligenz mit großen Datenmengen.

11.3 Basis für intelligente Chatbots sind Daten

m Online-Marketing spielen Leads und die Klassifizierung dieser eine wichtige Rolle. Wie bereits beschrieben, sind sie ein erheblicher Kostenfaktor und schwer zu steuern beziehungsweise zu qualifizieren. Durch eine automatisierte Abfolge von vorher festgelegten Fragen übernimmt der Chatbot die Kommunikation und erhält durch die Antworten des Gesprächspartners wichtige Angaben. Mit den im System bereits gespeicherten Daten und den daraus erfolgten (Big Data-) Analysen kann der Chatbot anschließend eine Handlung (Interaktion) ausführen. Das kann beispielsweise das Weiterleiten an eine bestimmte Abteilung sein oder die automatische Beauftragung einer Rücksendung. Sein integriertes "Wissen" liegt in Form von riesigen Datenmengen vor, die dazu dienen, den Chatbot und speziell seine künstliche Intelligenz zu trainieren.

11.4 Big Data trainiert Chatbot-Systeme

Mit großen Mengen gesammelter Daten sind Analysen möglich, in denen Auffälligkeiten gefunden und Muster erkennbar werden. Beispielsweise das erhöhte Aufkommen von Anfragen nach einer Erhöhung des Budgets für Google Ads. So lassen sich Zusammenhänge erkennen. Mathematische Algorithmen suchen Wahrscheinlichkeits-Muster in den Datenmengen. Ähnlich einer ständigen Abfrage von "wenn – dann" erhält der Chatbot am Ende die Fähigkeit abzuschätzen, wie wahrscheinlich der Gesprächspartner ein echter Lead ist oder nur ein Webseiten-Besucher auf der Suche nach Information. Wobei hier erwähnt werden muss, dass die jeweilige Zieldefinition eines Leads vom Unternehmen im Voraus festgelegt wird. Nicht immer, wenn aber doch häufig, definiert sich der Lead als Kaufinteressent.

11.5 Chatbots können Leadqualifizierung übernehmen

Im Bereich Kundensupport, und hier werden Chatbots besonders häufig eingesetzt, ist ein Lead je nach Definition vielleicht ein Kunde, der reklamieren möchte. Bei allen Vorgängen entlang der Customer Journey gibt es Berührungspunkte und Möglichkeiten zur direkten Kommunikation mit den Kunden eines Unternehmens. Dabei spielt auch die User Experience eine wesentliche Rolle, denn neben der Usability – also der leichten Benutzbarkeit einer Webseite - stehen auch emotionale Erlebnisse während des Besuchs einer Webseite oder eines Online-Shops im Zentrum von Effizienzmessung im Online-Marketing. Unter User Experience werden alle Prozesse verstanden, die den Besucher einer Webseite dazu bewegen, auf der besuchten Seite zu bleiben und dort seine geplante Handlung auszuführen. Kommt ein User also beispielsweise auf Grund einer Anzeige im Google Suchnetzwerk auf einen Online-Shop, dann will er in aller Regel etwas kaufen. Durch die gezielte Aussendung von Keyword-optimierten Google Ads ist das Produkt oder die Dienstleistung meist schon so eng wie möglich eingegrenzt.

11.6 User Experience mit Chatbots verbessern

Wenn am Ende der User also nicht den Kauf abschließt, hat er schlichtweg auf Grund verschiedener Emotionen entschieden, die aufgerufene Webseite zu verlassen. Die Gründe dafür sind vielfältig, wie bereits oben bei den häufigsten 5 Problemen beschrieben wurde. Wie können Chatbots hier helfen? Ganz einfach, sie sorgen für eine gestiegene User Experience, in dem sie mit Support unter die Arme greifen, wenn der Kunde Unterstützung braucht. Chatbots sind weitaus mehr als die Frage nach "Wie kann ich Ihnen helfen?". Intelligent programmierte Chatbots sind in der Lage Kundenwünsche zu erfüllen und den User effizient zum gewünschten Ziel zu begleiten. Der Chatbot kann die Lieferkosten erklären oder nach Land aufschlüsseln, im individuellen Fall ermitteln oder Alternativen anbieten. Er hilft beim Registrierungsprozess und beantwortet offene Fragen zu Produkten und Dienstleistungen. Weiterhin kann er dem Besucher bei der Orientierung auf der Webseite helfen. Online-Shops haben heutzutage häufig komplexe Seiteninhalte, die mehrfach ineinander verschachtelt sind und häufig für Verwirrung sorgen.

11.7 Chatbots lernen noch – Zufriedenheit der Nutzer im Fokus

Mit dem Chatbot an der Seite gelingen auch augenscheinlich komplizierte Registrierungsprozesse. Die Bestätigung der Identität kann der Chatbot ebenfalls abnehmen, er kann aber auch mal einen Witz machen und so die Stimmung auflockern. Doch fairerweise müssen auch die Nachteile von Chatbots erwähnt werden. Die Zufriedenheit der Nutzer aus den bisher gemachten Erfahrungen mit Chatbots ist nicht durchweg positiv. Als häufigster Grund wird genannt, dass der Chatbot nicht verstanden hat, was der User in dem Moment braucht. Anforderung und Lösungsvorschlag haben nicht zusammengepasst oder der Chatbot konnte schlichtweg nicht weiterhelfen. Doch diese Kommunikationsschwierigkeiten basieren auf zu wenig Daten und mit jeder Anfrage, die der Chatbot übernimmt, fügt er seiner Trainingssoftware automatisch einen neuen Datensatz hinzu. Umso mehr Daten das System hat, desto höher ist die Chance, dass der Chatbot versteht, was sein Gesprächspartner von ihm erwartet. Das bedeutet, dass jede Situation, in der derzeit noch Probleme auftreten, dazu beiträgt, dass sich der Chatbot verbessert.

11.8 Fazit Chatbots im Online-Marketing

Die Zukunft wird also spannend mit Blick auf Chatbots im Online-Marketing, denn auf Grund zunehmender digitaler Endgeräte vervielfacht sich auch die Datenmenge und die wiederum wird von Programmierern und Unternehmen nachhaltig genutzt. Und es ist schon heute davon auszugehen, dass sich mit dem Einsatz von intelligenten Kommunikationsmedien wie dem Chatbot die Kosten für Maßnahmen im Online-Marketing reduzieren lassen. Dazu gehören Google Ads genauso wie Kosten für SEO-Maßnahmen und die technische Optimierung von Webseiten.

11.9 Unterschiedliche Bot-Systeme

Realbasierte oder regelbasierte Chatbots sind in ihrer Funktionweise limitiert. Stellt ein Kunde eine Frage, die nicht vorher in der Software berücksichtigt wurde, dann weiß der Chatbot schlichtweg nicht, was er antworten soll. Er folgt vordefinierten Regeln und Abläufen und bietet keinerlei Flexibilität. Trotzdem haben diese Chatbots ihren Sinn und finden vor allem im Bereich von FAQs oder Bibliotheken einen idealen Anwendungsfall. Sie bieten eine geringe Interaktionskomplexität und können alle Informationen anzeigen, die ihnen vorher mittels Software aufgespielt wurden. Der Kunde/User sucht mit ihrer Hilfe nach Schlagwörtern oder wird anhand eines Auswahlmenüs durch die Inhalte navigiert.

Scriptbots sind mit einer höheren Fähigkeit zur Interaktion mit Usern ausgestattet. Ähnlich einem Fragebogen werden vom Chatbot Fragen an den Kunden gestellt und anhand der Antworten der nächste Interaktionsschritt eingeleitet. Die Konfiguration von Produkten stellt einen idealen Einsatzbereich für Scriptbots dar. Bei stark standardisierten Prozessen, beispielsweise beim Abschluss einer Versicherung, leistet ein solcher Chatbot wertvolle Arbeit. Für den Kunden bedeutet der Einsatz vor allem eine Unterstützung und das schnellere Erreichen seines Zielpunktes. In der Software befinden sich dafür vordefinierte Dialogbäume. Die Komplexität liegt über dem des regelbasierten Chatbots und der Scriptbot besitzt die Fähigkeit zum Auslösen von Prozessen.

Anwendungsspezifische Chatbots finden sich vor allem im Bereich von Online-Banking oder bei der Kundenberatung. Sie sind häufig, jedoch nicht ausschließlich, mit NLU ausgestattet. Hierbei geht es um das Natural Language Understanding. Diese Chatbots verstehen die Intention einer Anfrage und können angemessen darauf reagieren. Trotz aufwendiger Forschung und erfolgreicher Entwicklungen sind Grenzen spürbar. Denn nicht immer erkennt der Chatbot die Intention des Nutzers, beispielsweise machen Sarkasmus, Humor oder Negationen Probleme. Rechtschreibfehler, Dialekte oder sehr komplexe Fragestellungen können diese Chatbots überfordern. Das NLU basiert auf dem Maschinellen Lernen, bei dem Computerprogramme in der Lage sind die natürliche Sprache zu verstehen und zu nutzen. Das Training der Software stellt bei der Verbesserung dieser Chatbots einen wesentlichen Faktor dar. Idealerweise kommen NLU Chatbots da zum Einsatz, wo die Interaktion mit dem Kunden auf bestimmte Themen begrenzt ist. Beispielsweise die Anmeldung einer Rücksendung oder die Rückfrage nach einer offenen Bestellung.

Chatbots mit Künstlicher Intelligenz sind eine zukunftsträchtige Technologie mit Mehrwert für Unternehmen. Mit zunehmender Komplexität benötigt man einen Chatbot mit einem ausgereiften Kontextgedächtnis, bei dem dieser während des Gespräches mit dem Kunden auf andere, artfremde Themen, wechseln kann. Hier kommt die Künstliche Intelligenz ins Spiel. Kunden von heute haben wenig Zeit und möchten höchsten Benutzerkomfort. Die Antwort oder die Lösung soll wenn möglich sofort auf Knopfdruck verfügbar sein. Intelligente Chatbots gehen auf den Inhalt der Unterhaltung mit dem Kunden ein und dieser erhält das Gefühl, dass ihn der Chatbot versteht und ihm wirklich zuhört. Die ideale Lösung für den Bereich Kundensupport, aber eigentlich für alle Touchpoints in der Customer Journey. Aus dem vordefinierten Chatbot wird ein virtueller Assistent, der präzise, natürliche Antworten sowohl in Textform als auch als Sprache ausgeben kann. Die Künstliche Intelligenz ermöglicht den Chatbots, schon früh die Intention des Kunden zu erkennen. Sie können eigenständig und intelligent mit Kunden in einen direkten Dialog treten. Die Software ist lernfähig und nimmt jede personalisierte Unterhaltung als neue Lerneinheit auf. Sie entwickeln sich mit jedem existierenden Datensatz eigenständig weiter. Die Künstliche Intelligenz basiert immer auf dem vom Menschen gewünschten Zweck. Die vertikale KI ist auf ein Thema ausgerichtet, dass der Chatbot bedient. Bei der horizontalen KI bietet der Chatbot ein breites Spektrum an Themenbereichen an, bei denen er den Kunden behilflich sein kann.

11.10 Chatbots mit Baukasten-System mit kostenloser Startversion erhältlich

Baukästen sind eine flexible Möglichkeit zur Tarifgestaltung für Anbieter von Chatbots. Die Programmierung ist unterschiedlich aufwendig und kann mit Baukästen auf die vom Unternehmen benötigten Anforderungen angepasst werden. Startet ein großes Unternehmen zunächst in einer Abteilung mit einem Testlauf, wird ein Basis-Paket benötigt, welches sich später erheblich ausweiten lässt. Will dagegen ein kleines Unternehmen seine gesamte Kundenbetreuung mit einem Chatbot unterstützen lassen, muss das Basis-Paket gleich zu Beginn zwar umfangreicher sein, benötigt je nach Unternehmen jedoch deutlich weniger Expansionspotenzial. Diese Faktoren wirken sich auf die Kosten für den Chatbot aus. Ein Unternehmen mit 1000 Kunden hat in der Kundenbetreuung ein anderes Volumen als ein Unternehmen mit 50.000 Kunden. Auch die Anzahl der Mitarbeiter, die durch den Chatbot unterstützt werden, ist preislich betrachtet relevant. Die sogenannte Teamfähigkeit spielt eine wesentliche Rolle, denn wenn der Chatbot mehrere Mitarbeiter oder Abteilungen im Back-End unterstützt, muss er dementsprechend programmiert sein, um im Bedarfsfall zur zuständigen Person oder Abteilung weiterzuleiten oder Aufgaben zu delegieren. Die Anzahl der Schnittstellen ist genauso wichtig für die Preisbildung. Wird der Chatbot auf der unternehmenseigenen Webseite benötigt, soll er zusätzlich Social-Media-Plattformen abdecken oder sind externe Affiliates eingebunden, die ebenfalls berücksichtigt werden sollen? Diese und weitere Faktoren lassen sich bei Chatbots mit Baukasten-System individuell berücksichtigen. Baukästen mit kostenloser Startversion sind übrigens von Userlike, Botsociety, TARS und Manychat erhältlich.

11.11 Chatbots für gesprochene Kundenanliegen und mit eigener Stimme

Für komplexe Lösungen mit KI-gestützter Software steht die Integration von Voice-Systemen zur Verfügung. Die mühelose Einbindung der Chatbots und die Anpassung an die Anforderungen des Unternehmens sind wichtige Aspekte. Die Sprachsteuerung ist vor allem im Kundenservice ein spannendes Thema der Zukunft. So lassen sich Sprach-Chatbots ins vorhandene Routing integrieren und können Teil einer bestehenden Cloudinfrastruktur werden. Ein komplexer Aufbau erlaubt die Einbindung von Schnittstellen, beispielsweise zu Google Cloud Speech-to-Text, Text-to-Speech oder andere Sprachdialoge. Die textbasierte und die sprachbasierte Kommunikation in einer Kombination entfaltet derzeit mit der Entwicklung von Chatbots ihr ganzes Potenzial. So können Unternehmen auswählen, ob der Chatbot eine weibliche oder männliche Stimme erhält und innerhalb dieser beiden Gruppen aus unterschiedlichen Stimmen wählen. Das unterhaltsamere und angenehmere Nutzererlebnis ist in diesem Fall von Barrierefreiheit geprägt. Diese komplexen Systeme mit Sprach-Chatbots bieten derzeit unter anderem Zendesk, kikobot und Q-bot7 an.

11.12 Chatbots von Microsoft oder Google

Auch direkte Schnittstellen zu den Sprachassistenten wie Alexa, Siri, Google Assistant und Cortana sind bei Chatbots möglich. Die intelligenten Sprachassistenten machen den Menschen bereits in vielen Bereichen des Lebens den Alltag leichter. Hier bieten umfassende Lösungen von Microsoft oder Google die passenden

Gesprächsschnittstellen für die unterschiedlichsten Szenarien. Kommerzielle Chatbots können von Entwicklern auf der definierten Architektur entwickelt werden. So sind auf der Azur Microsoft Plattform eine Reihe möglicher Szenarien für den Einsatz von Chatbots zu finden. Bei der Google Cloud können Entwickler auf den Dialogflow zurückgreifen und die Chatbot Concepts dank API integrieren. Bereits entwickelte Chatbots wie der Chatbot Meet, mit dem sich Besprechungen planen lassen, stehen zum Download bereit. Im Dialogflow der Google Cloud können Entwickler Chatbots erstellen, schützen und skalieren.

GLOSSAR

Audiomarketing

Audio Marketing ist auch unter den Bezeichnungen Audio Branding und Sound Marketing bekannt. Mit Klängen, Tönen, Geräuschen, markanten Stimmen und Musik wird eine Marke, Institution oder ein Produkt hörbar gemacht, wobei Einprägsamkeit, ein hoher Wiedererkennungswert und Imagebildung im Vordergrund stehen. Zu den Elementen des Audio Marketings gehören Audio Logos, Jingles, Markenlieder und Markenstimmen, beispielsweise von Prominenten oder Synchronsprechern.

Augmented Reality

Der Begriff Augmented Reality (AR) meint die computergestützte Erweiterung oder Ergänzung der Realitätswahrnehmung. Bilder oder Videos werden mit computergenerierten Zusatzinformationen und virtuellen Objekten angereichert, um Sachverhalte verständlich darzustellen. Anwendungsbereiche in der Praxis sind Google Glasses oder Flugsimulationen in der Pilotenausbildung. Auch bei industriellen Anwendungen, in der Kunst, im Gaming- und Unterhaltungsbereich, in der Werbung und im Verlagswesen wird AR gezielt eingesetzt.

Challenges

Herausforderungen oder Wettbewerbe werden als Challenges bezeichnet. Im Kontext der digitalen Medien bezieht sich der

Begriff auf die Verbreitung von selbst erstellten Bild-, Ton-, Text- oder Videodateien, in denen sich Personen einer besonderen Herausforderung stellen und andere Personen zur Teilnahme an der Challenge nominieren. Die Verbreitung der Dateien erfolgt über soziale Medien.

Chatbots

Chatbots sind digitale textbasierte Dialogsysteme. Über Textein- und Ausgabefunktionen kommunizieren Personen mit den Chatbots. Mittlerweile können Chatbot-Systeme selbstständig in- telligente Dialoge führen. Diese Systeme kommen bei digitalen Assistenten wie Google Assistant und Amazon Alexa zum Einsatz oder unterstützen Kundenservice-Teams bei der Bearbeitung von Kundenanfragen.

Conversion Rate

Die Conversion Rate ist eine Kennzahl im Online-Marketing. Sie gibt wieder, wie viele Visitors einer Website tatsächlich Produkte kaufen oder Dienstleistungen in Anspruch nehmen. Die Conversion einer Website lässt sich mit folgender Formel berechnen: Anzahl Conversions (Anzahl Käufer) / Anzahl Visits (Anzahl Besucher) x 100.

Creativ Commons Lizenzen

Mit den Creativ Commons Lizenzen wurde ein Lizenzmodell ge- schaffen, das auf übersichtliche Art und Weise die rechtlich ab- gesicherte kostenfreien Verbreitung eines urheberrechtlich geschützten Werks ermöglicht. Hinter den Lizenzen steht die Non-Profit-Organisation Creative Commons, die mit den Lizenzabstufungen Urhebern die Freiheit einräumen möchte, selbst festzulegen, wer die eigenen Werke in welchem Umfang nutzen darf.

Dialogflow

Dialogflow ist eine Entwicklersuite, mit der KI-Anwendungen wie Chat- und Voicebots erstellt werden. Chatbots können die natürliche Sprache verstehen und darauf reagieren. Dialogflow ermöglich die Integration der Chatbots in Webanwendungen, Geräte, Apps und Sprachantwortsysteme.

Liken

In den sozialen Medien oder auf anderen Plattformen bewerten User einzelne Inhalte nach persönlicher Relevanz. Gefallen Inhalte und Kommentare nicht oder sie sind wenig relevant, können User die Inhalte Downvoten. Auf Facebook und Youtube gibt es dafür den Gefällt-mir-nicht-Button. Auf Reddit entscheiden senken Downvotes die inhaltliche Relevanz von Beiträgen.

Glossar

Der Begriff Glossar kommt aus dem Lateinischen (Glossarium) und meint eine Auflistung von Begriffen mit Bedeutungserklärung. Ein Glossar ist im Grunde eine Art Mini-Lexikon und kann allgemeine oder fachspezifische Begriffe umfassen. In Fachbüchern wird es häufig im Anhang beigefügt.

Infografiken

Infografiken visualisieren komplexe Inhalte übersichtlich und verständlich. Diese Darstellungsform kommt in Medien wie Zeitungen und Zeitschriften, Fachartikeln, Schulbüchern und TV-Beiträgen zum Einsatz. In Online-Beiträgen und im Marketing werden anschaulich gestaltete Infografiken gern zur Darstellung von Sachverhalten verwendet.

Shoppable posts

Auf Plattformen wie Facebook und Instagram gelangen User dank Shoppable-Posts mit wenigen Klicks vom Produktfoto zum Online-Shop. Der gesamte Kaufprozess erfolgt über Instagram, ohne dass auf die Website des Online-Shops gewechselt werden muss. E-Commerce-Anbieter profitieren von geringen Hürden bei Kaufabwicklung.

Smart Bidding

Smart Bidding bezeichnet automatische Gebotsstrategien im Rahmen von Google Ads. Durch Machine Learning Prozesse im Hintergrund werden Gebote entsprechend der Zielvorgaben automatisch auf Basis historischer Daten berechnet. Werbetreibende profitieren mit automatisierten Kampagnen von einem geringeren Planungsaufwand und einer Performance-Verbesserung.

Social Media Monitoring

Social-Media-Monitoring meint die Beobachtung von Themen im Social-Media-Bereich. Erwähnungen von Unternehmen, Marken und Personen werden analysiert und die Erkenntnisse fließen in die künftige Strategieplanung ein. Zahlreiche Software-Tools mit umfangreichen Analysefunktionen ermöglichen ein aussagekräftiges Social-Media-Monitoring.

Social Features

Funktionen auf Websites und Plattformen, die eine soziale Interaktion ermöglichen, w erden als Social-Features bezeichnet. Beiträge kommentieren, teilen, liken und Vernetzungsmöglichkeiten mit anderen Usern sind diesem Bereich zuzuordnen.

Storrytelling

Storytelling ist ein beliebtes Marketinginstrument. Die Werbebotschaft wird mit Hilfe einer Geschichte transportiert. Auch in Bereichen der Kinder- und Erwachsenenbildung und im Journalismus kommt Storytelling zum Einsatz.

Upvoten

Über das sogenannte Upvoten bewerten User in den sozialen Medien Beträge als interessant oder persönlich relevant. Ganz klassisch kann hier der Facebook-Like-Button genannt werden. Inhalte mit vielen Upvotes gewinnen an Sichtbarkeit.

User Expierience

Hinter dem Begriff User Experience verbirgt sich das Nutzungserlebnis eines bestimmten Produkts, beispielsweise einer

Website. Aspekte wie Ästhetik und Gestaltung spielen eine große Rolle. Im Kontext des Online-Marketings ist die User Experience eng mit der Usability, also der Benutzerfreundlichkeit, verknüpft.

Voice Search

Voice Search meint die Eingabe von Sprachbefehlen zum Durchsuchen des Internets, einer Website oder einer App. Google bietet mit Voice Search die Möglichkeit, Suchanfragen nach Begriffen über Spracheingabe zu starten.

Ziel CPA

Ziel-CPA (Cost-per-Action) gehört zu den Smart Bidding-Strategien von Google Ads. Mit der festgelegten Ziel-CPA soll eine maximale Anzahl an Conversions erreicht werden. Maschinelle Lernprozesse optimieren die Ads-Kampagne.

Ziel Roas

Ziel-Roas (Return-on-Advertising-spend) ist eine Gebotsstrategie auf Google-Ads, um Gebote zu automatisieren und eine optimale Leistung zu erzielen. Werbetreibende legen beispielsweise den Zielumsatz pro investierten Euro fest.

LITERATURANGABE

- ARX Reads, ChatBot Marketing (Start Using Bots to Help Automate Your Business): Everything You Need to Know to Start Creating, Marketing, and Growing a Business With Automated ChatBots, Independent 2020.
- Bieling ,Simon, Konsum zeigen: Die neue Öffentlichkeit von Konsumprodukten auf Flickr, Instagram und Tumblr, transcript Verlag 2018.
- Grabs, , Anne/ Bannour, Karim-Patrick / Vogl, Elisabeth Follow me!: Erfolgreiches Social Media Marketing mit Facebook, Instagram und Co. Der Bestseller in der neuen 5. Auflage (Deutsch) ,Rheinwerk Computing; 5. Edition, 2018.
- Kamsps, Ingo / Schetter, Daniel, Performance Marketing: Der Wegweiser zu einem mess- und steuerbaren Online-Marketing – Einführung in Instrumente, Methoden und Technik, Springer-Gabler 2020..
- Löser,,Uli, Starte durch mit LinkedIn: Erfolgreiches LinkedIn Marketing: Mit überzeugendem Profil und Personal Branding neue Kontakte, Leads und Kunden mit LinkedIn gewinnen. Kindle bzw. Selbstverlag Print 2020.
- Pfeiffer, Jan-Luca, SNAPMENTOR: Snapchat Guide für Eltern und Unternehmen, smiling cat publishing 2017..
- Schwenke, Thomas/ Ladwig, Wibke/ Weinberg, Tamar, Social Media Marketing - Praxishandbuch für Twitter, Facebook, Instagram & Co., O'Reilly; 5., 2019.

KONTAKTANSCHRIFTEN

Bundesvorstand der Gesellschaft für Arbeitsmethodik e.V.

Ehrenvorsitzender und Träger der Ehrenplakette der Gesellschaft für Arbeitsmethodik e.V.

Helmut L. Clemm, Dipl.- Ing., München,

helmut.clemm@gfa.forum.de

Geschäftsführender Vorstand:

Dr. phil. Dr. rer. publ. Brigitte E.S. Jansen,

1.Bundesvorsitzende

Balger Hauptstraße 31,
76532 Baden-Baden
Tel: + 49 (0) 7221-188 59 49
Mobil: +49 (0) 1573-84 88 881
brigitte.jansen@gfa-forum.de

Dr. phil. Dr. rer. publ. B.E.S. Jansen

Roland Kreische, Dipl. Ing.,
2. Bundesvorsitzender /Schatzmeister

Hermann-Steinhäuser-Str. 4,
63065 Offenbach am Main
Tel: +49 (0) 69 – 13 81 45 69
Fax: +49 (0) 69 – 98 55 89 59
roland.kreische@gfa-forum.de

Roland Kreische

Günter Th. Baur, Dipl. Kfm.,
3. Bundesvorsitzender, Arbeitsbereich Marketing

Bruchgärtenstr. 5
76456 Kuppenheim
Tel.: +49 (0) 177 22 0 77 06
guenter.bauer@gfa-forum.de

Günter Th. Baur